Enjoy是欣賞、享受，

以及樂在其中的一種生活態度。

# 看病的方法

## ——醫師從未告訴你的祕密

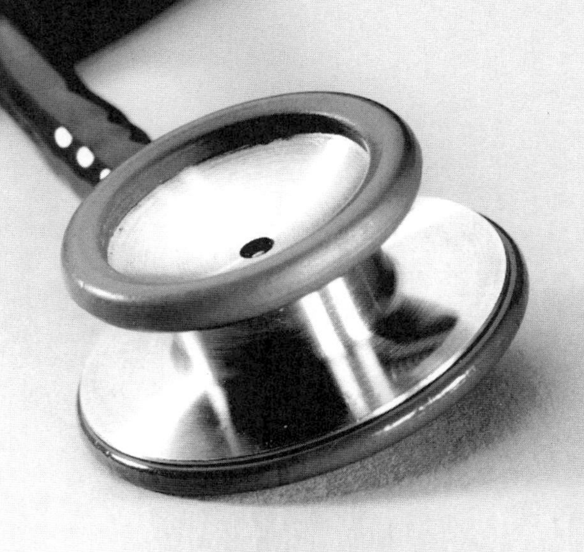

陳皇光醫師 著

# 自序

我從很久以前就一直在想，我這輩子寫的第一本書應該是水彩技法研究、或者是有關蔡司鏡頭的攝影表現、或者是台北街頭小吃、或者是日本自助旅行……。結果事與願違，我還是先寫了有關我專業領域的書。但我盡量不要把它寫得非常像是一本專業書籍，那才符合我閒散的個性，而且醫學本來就是一門跟人性有關的知識。

為什麼會有這本書的出現，其實是一個很有趣的歷程。

二〇〇五年初，任職於一家電子公司廠護的好友雅雪打了一通電話給我，希望我可以去他們的公司做一場專題演講，內容只要有關於高血脂症及痛風即可，因為年輕的科技人，多半有這兩項毛病。我欣然同意，可是這兩個主題非常無聊，原因是早就已經被講到爛了，我想大概也沒有人會來聽，於是我們兩個人想出一個比較聳動的題目：「科技人與過勞死」，這樣子應該會比較有吸引力吧？

其實我早就知道「過勞死」只是一個新聞名詞，強調死者過度勞累只為了透過媒體引起社會廣泛重視與同情，以達到增加補償金的目的。過勞死的背景就是長期不重視身體出現小症狀的結果，最後以中風或心臟病快速了結其一生，所以我把門診民眾最愛問而且觀念不清楚的問題做成這個投影片，並且加上大家很少聽到的精神科症狀在其中。

我花了大概不到一星期的時間就寫完這個投影片，而且自己邊寫邊笑，因為我的日子實在有夠苦悶及單調。

做完這家公司的三場演講後，我早就忘了這件事。不料兩個月後，我一直收到很多陌生的電子郵件，感謝我提供這麼有趣及實用的投影片，包括很多失散多年的同學和親友，都是靠著這個投影片又聯絡上我。

網路世界實在太神奇了，無心之作竟然大大影響了我的生活，往後的日子裡，就經常被邀請做這個題目的演講，打開了我通往另一個世界的窗，很多原本我不可能接觸的學校、公司及政府機構，都因為演講而有機會參訪，使我的眼界不再局限在醫學領域之中。

健檢領域是我在研究所學習的重點，加上我有一個在健檢中心的兼職工作，於是我把健檢理論及實務寫成了第二個投影片「你所不知道的健康檢查」。我深知網路的力量無遠弗屆，為了不傳遞出錯誤的訊息，所以我花了約一個月的時間來仔細地撰寫這個投影片。同樣的在演講後不到一個月，又收到很多陌生朋友的來信鼓勵，包括很多學校的老師及醫療同業。我心想，時機已經到了，我終於有機會為這個社會盡一點小小的責任，我可以開始寫我自己最想寫的東西了。

一九九五年我剛開始台大家醫科的住院醫師訓練，那年也是健保開辦的那年。住院醫師的工作非常辛苦，面對無窮無盡的工作，我也同時思考到，為什麼我們的醫療制度要把每個工作人員壓得喘不過氣，這樣身心俱疲的環境真的能讓病患獲得更好的照顧嗎？還是適得其反，更容易出錯？而且幾乎每個人的性情都變得非常暴躁，來配合這幾乎停不下來的工作。

因為醫師的工作量都非常大，因此病患及家屬能分到和醫師對談的時間就少得可憐。病患的很多小問題，其實只要醫師花一點時間就可以解決；但這種醫療環境之下，醫師多半「心有餘而力不足」。我開始思考，每位醫師從執業一開始，就一直陷在這個漩渦裡，根本無法自拔，只能被推著走，又如何有機會站在高處看清這大環境，然後發揮改革的力量將民眾及自己拉出這個漩渦？

醫師這一行非常重視對醫師內部的教育，從醫學生到住院醫師甚至考上專科醫師以後，都有一套非常嚴謹的教學及考核，來維護醫師這一行的品質與尊嚴，然而醫師只能在短短的三到五分鐘之內教育一個非專業的病人，所以民眾幾乎沒有機會可以了解醫療的運作、醫療資源分配、疾病原理，以及面對疾病做價值的取捨。醫師長期被媒體塑造成高傲、沒有耐性、脾氣暴躁的特殊族群，最近更成為道德淪喪或賺取暴利的代名詞。民眾因為沒有管道可以學習就醫這類實用性的知識，加上一次次求醫過程造成的挫折，當然會把不滿發洩到醫療人員身上，長期以來對醫師的信任及尊重，就漸漸土崩瓦解……

我在二〇〇六年夏天花了三個月左右的時間，寫成了第三個投影片「看病的方法Part I」，目的是想了解，我們的民眾是否需要這一類的知識。我想傳達的訊息很多，而演講時間卻是有限，為了讓聽眾能有效率的吸收，我把醫療環境及就醫的知識寫在這個投影片當中，急診及住院的知識就暫時先按下不表。結果和我想像的一樣，大部分的朋友及網路上的來信都顯示他們需要這類知識，很多人來信跟我要Part II，但我工作及研究所學業兩頭燒，身心俱疲，因此未再提筆撰寫Part II。儘管如此，我每次想到一個相關的主題，就把它記錄在我的PDA中，以便日後有機會可以把它寫出來。

很高興在二〇〇七年初，有機會和寶瓶出版社的總編亞君接觸，雖然我的工作還是很忙，但我想應該下一點決心給自己一些壓力，把想法及知識傳遞給民眾，如此才能解決醫病雙方的痛苦，而且很幸運地，同年七月底，在很多老師的協助及指導下，我順利的從台大預防醫學研究所博士班畢業，終於有機會開始撰寫這本書。

初期，寫作並不如我想像的順利，因為要把雜亂無章的醫學知識及生活常識寫成有條理的文章，非常需要好好地構思，如此邏輯才會清楚，而且剛從連續三個多月準備畢業論文的痛苦環境脫離，實在身心俱疲。畢業後的前六個月，我回家其實只做一件事，就是磨墨寫寫顏真卿的《多寶塔碑》及趙孟頫的《仇鍔墓碑銘》，半年下來，毛筆字寫了幾千字，毛邊紙已經堆積如山，這本書卻只蓋好鋼架，直到二〇〇八年年初，才開始找出時間，泡在咖啡館專心撰寫此書。到截稿前，腦子每天一直浮現出各式各樣的議題，我都很怕思慮一閃而過，因此隨手快速記錄下來後，再把它安插到文章裡面。最近經常熬夜寫書，很多年不曾出現的胃痛又捲土重來，因此我只好把最愛的咖啡戒掉了，希望工作告一段落後，再開始烹煮這香味迷人的液體。

我雖然不算是一個很用功的學生，但在醫學的領域裡，很幸運地一直遇到很好的老師及擁有很好的學習環境。我很感謝台大家醫科的師長教我社區醫學及應對病患的知識，感謝台大內科紮實的住院醫師病房訓練，感謝台大預防醫學研究所老師們對我在預防醫學哲學理論、醫學倫理、疾病篩檢、決策分析、生物統計、流行病學及醫療政策方面的啟發，都讓我這輩子深深受用。念了研究所，才深深了解，哲學博士真的就是學習人生的道理。

最後謝謝寶瓶出版社的同仁及亞君，讓我有機會出版這本書，謝謝你們！

陳皇光　二〇〇八年三月十七日清晨於板橋

【前言】

# 我為什麼要寫這本書

## 兩個小故事

### 故事一

一九九五年，退伍後的我進入台大醫院工作，第一個月就在急診處，有一天下午，來了一個六十歲病人，由兒子護送她到急診處掛號，我問兒子說他的母親今天哪裡不舒服？他說他母親因為淋巴癌在中部某家醫院做化療，效果不好，他想台大醫院的醫療水準應該比較高，所以把母親送來台大醫院，希望可以住院治療。

我愣了一下，問他：「為什麼不去看門診反而跑來急診？」他說下午四點了，掛號處不讓他掛號，可是他們已將行李準備好要來住院，所以掛號處叫他來掛急診。我問他：「你的母親是哪一種淋巴瘤?治療的情形是如何效果不好？」他說他不清楚。我再問他：「請問你有帶轉診單及你母親在中部治療的病歷摘要及檢查報告嗎？」他說：「沒有耶，我想來台大再重做檢查就好。我聽說某某教授很好，你可不可以現在請他來看我媽？另外我們沒什麼錢，可不可以住健保房就好……」

你知道出現在急診處的這段對話隱藏了多少玄機？這可能是一個悲慘結局的開始！病患家屬只是直覺的反映需求，但你知道其中犯了多少錯誤？

第一，醫院各科多半只有早上開放普通門診，在規定的時間之內，病患都可以掛號，但有額度限制，所以不見得保證掛得到號而且能順利看診。下午絕大部分開的是特別門診，醫師只看複診的病人而不接受現場掛號。所以這個病患家屬犯的第一個錯誤就是未事先打聽清楚就匆忙北上看門診，來的時段是錯誤的，根本無法掛號！

第二，下午四點早已過了掛號時間，就算醫院開放了少數普通門診，也無法掛號。

第三，掛到號就能順利當天住院嗎？教學醫院多半人滿為患，一床難求，就算你的醫師認為你該住院，也不見得當天可以住院。而病患連行李都帶上來了，此時騎虎難下，晚上該如何度過？而且等待的可能不只一晚！

第四，急診處的目的是在拯救生命受到緊急威脅的病人，這個病人生命跡象穩定，根本不符合看急診的要件，只是當前醫療糾紛頻傳，急診處多半會勉為其難讓病患掛號；當急診病患很多、醫療人員很忙時，是很容易被忽略的。

第五，空手轉院，所有檢查都要重做，既浪費時間又浪費醫療資源。（記住，健保給付是全民買單！）而且，連治療紀錄或病歷摘要都沒有，教醫師如何接手？一個病人的腫瘤經過治療或臟器接受過手術，一般來講，別的醫師多半不願意接下來治療，理由何在？因為疾病的原始狀況或解剖位置已經改變，接手的醫師很難處置或施行手術，如同犯罪現場已遭破壞清理及移動位置。

第六，急診可以照會各科醫師會診，有一定的照會程序，但不是病患想看誰，那位醫師就要「立刻」到現場。如果急診可以隨便指定醫師看診，那誰還要去看門診？

第七，病床常常不一定當天會空出，因為門診很多病人等著排隊住院，晚上的空床，往往隔天就有門診預約病患入住，並不是到急診處就有優先居住權。另外，病床的等級往往不是病患要求就立刻能配合，因為空出的床，等級是隨機的，即使病患幸運順利住院，也是要等待數天後才有機會挪床。

我必須講，這個可憐的病患及其家屬，可能會一直待在急診處的「走廊」（急診的暫留室也總是人滿為患）做無情的等待，醫師也不可能在急診處幫她做化療，最後病患由於不能忍受，幾天後只好滿懷怨氣回家，或只能又回到門診看診才有機會順利住院！

在行醫多年的經驗中，這種例子不勝枚舉，因為生病已經是個很大的衝擊，拐彎抹角到處犯錯的求醫過程更讓病患苦不堪言，所以即便在健保開辦後，民眾的經濟負擔大幅下降，但是對醫療品質仍不甚滿意，加上這幾年在媒體及特殊團體的推波助瀾下，醫病關係更趨惡化。

## 故事二

二〇〇四年春天，有一個下午我正忙著看門診，突然手機鈴聲大響。我是一個很討厭在看診中接電話的人，因為這會干擾我和病患的對話。電話響了又響，我只好拿起話筒，那頭傳來的竟是父親的聲音：「從早上十一點開始我右下腹痛到無法忍受，不知道是不是盲腸炎（闌尾炎）？」（我父親不是醫師，只是個具有小學學歷的一般民眾）我父親從來不會因為病痛而打電話給我，他有一個開西藥房的好朋友，所有疑難雜症他都會自己去找老朋友處理，這次的緊急狀況還是頭一遭。於是我打電話給離家較近的二哥，請他帶父親到台大醫院的急診，過沒半小時，二哥及我內人接二連三的打電話找我，說父親的腹痛很嚴重，叫我趕快到醫院一趟，我只好拋下身邊的工作請了個假，趕到醫院去。（請各位想像一下，有多人正等著看病，醫師突然換人了，這是什麼樣的場景？）

當我趕到急診時，父親已經抽好血及照完腹部X光，正躺在暫留室打點滴觀察。我幫父親檢查一下肚子，右下腹有明顯壓痛及反彈痛，但腸蠕動聲幾乎沒有。我找到剛好是在急診實習的家醫科學妹，詢問父親的檢查結果。我看了抽血檢查報告：白血球正常，沒有胰臟炎或膽道方面的發炎跡象，體溫也正常。學妹拿X光片給我看，說看起來一切很正常，可能只是糞便阻塞的問題，她的見解我同意，因為那是非常常見的狀況，但我在X光片上看到一段小腸的影像，我心裡才警覺到，父親已經出現腹膜炎的現象，所以事實上闌尾炎的機會還是比較大。我並沒有當場推翻學妹的看法，我只是說：我們等了約二十分鐘，急診部外科值班醫師來了，診斷還是有盲腸炎的可能，因而要求父親禁食，準備手術。可是當時開刀房滿線，沒有多餘人力可以幫我父親開刀，所以我們只能等待，雖然有認識的同學在醫院外科工作，但總是覺得因為盲腸炎去打擾別人實在很不好意思，於是我們就繼續在急診等待。父親灌過腸後還是非常痛苦，右下腹仍然疼痛，幸好生命跡象還算穩定。這一等等到了晚上，我也開始出現擔心及焦慮：「我要不要考慮轉院？」

大約晚上七點半，終於輪到我父親可以進行開刀，我鬆了一口氣，而且我大哥也來到醫院，換二哥回家休息。我們一起推床到手術室外，見到執刀的外科醫師，他跟我說：「沒發燒也沒白血球升高，有可能不是闌尾炎，你們要不要考慮住院打抗生素觀察幾天，先不要開刀？」我當下說：「沒關係，麻煩你幫我父親開刀。」於是父親進了手術房。

我和大哥在家屬等待區等了快兩個小時，父親仍未出來，我跟大哥講：「爸爸的盲腸（闌尾）應該破了……」又過了半小時，開刀房護士出來告訴我們要到醫療用品店買束腹帶（防止傷口迸裂），開完刀後要用。我跟我大哥講，爸爸不但有盲腸炎，而且盲腸（闌尾）破裂變成腹膜炎，需要灌洗腸子，所以這個刀才開了快兩個半小時，而一般闌尾炎開刀應該不到一小時！純粹開闌尾炎手術只需要一個小傷口，不需要束腹帶，但闌尾破裂，髒東西會流到腹腔，腹腔不灌洗乾淨，後果會非常嚴重，可能事後用抗生素也不一定有效。醫師為了灌洗腹腔，在父親的腹部中線開了一個快三十公分的大傷口，術後才需要束腹帶固定傷口。父親開刀完畢後，一切穩定，復元良好，只是虛弱到無法移動。

接下來，所有家屬會遇到的問題都出現了：怎樣在醫院照顧父親？每個人都有工作或要在家照顧小孩。我與起申請看護的念頭，但後來我們家人努力排班，勉強讓所有時段都有人能照顧父親。只是我在想，單純闌尾炎復元很快，但併發腹膜炎開了好大一個傷口，一個星期內是回不了家。後來住院情況十分順利，父親慢慢的可以下床，本來吃、喝、擦澡、大小便都要在床上解決的痛苦過程，漸漸結束了。當醫師照顧病患和親自照顧病患日常生活截然不同，後者非常勞心勞力，若病患需要長期住院，真的很少家屬能受得了。

住了十多天後，終於可以出院，可是抽血檢查卻出現鉀離子很高的現象，外科住院醫師卻有些擔心，希望父親再觀察一下。但父親一切都很正常，我看了一下電腦，原來抽血過程出現溶血現象（多半是抽血時用較細的針頭或抽血時間過長引起，血球細胞破裂後會放出大量鉀離子，造成血鉀過高的假象）。我跟外科醫師說沒關係，讓我們出院，我會自己觀察我父親的情況，隔天我二哥來幫父親辦理出院，醫師後來有開降鉀離子的藥回家。我下班回家後跟父親講：「沒關係啦，這個藥不用吃。」因為我父親並沒有腎臟方面的問題，而且生病過程中進食狀況並不好，我反而擔心鉀離子不夠，才要求父親不必服用，免得鉀離子過低。我幫父親在家中持續換藥，幾天後到醫院拆線及抽血追蹤鉀離子，一週後，父親再回門診看報告，果然一切正常，鉀離子高只是因為溶血造成的假象。

故事應該結束了？好笑的是，幾週後，我們收到一張台大醫院催收未付費的帳單，我問二哥是怎麼一回事？他說：「看報告時，醫師說一切正常，也不用領藥，我和爸爸就回家了，看看報告不拿藥應該不用付費吧？」我啞然失笑，他們竟然看完門診沒付費就回家了。

這只是一個平凡無奇的就醫經驗，但想想看，若發生在一般人身上，會有哪些問題？

第一，在急診及手術前，各有一位醫師說你的父親應該不是闌尾炎，這時候，大部分的人一定會想：不必開刀真好，灌完腸子就可以回家了；或者打抗生素在病房休息就好。事實上，不僅真的有闌尾炎，而且破裂了，被當作糞便阻塞，灌完腸就讓病患回家，症狀若惡化，急診的醫師豈不會有醫療糾紛？若開刀前接受主刀醫師建議先在病房觀察，可能也有同樣的後果。惡化後再開緊急刀，一般人一定會埋怨醫師誤診！何況本來開小洞的盲腸炎變成開大傷口的腹膜炎！當然，我也有可能誤診，搞不好開了刀發現闌尾「歸組好好」（台語，整組好好的），白挨一刀。

我想說的是，診斷並不是一件很簡單的事！沒有醫療背景的人面對醫療問題，常常流於主觀而做出不正確的決定及評斷。想想看，即便急診醫師診斷不是闌尾炎，也已經幫父親做完所有的檢查，照會了外科醫師，我是由衷的感謝！主刀醫師給了一個不開刀的選擇，也是出於善意；更何況，還是他救了父親的命！即便我很會診斷，但我不是外科醫師，所以沒有能力幫父親開刀。

試想：一般沒醫療背景的民眾能冷靜面對這些情況嗎？歸咎他人非常容易，但醫師背後的善念常被結果所掩蓋，這就是今天台灣的社會現象。

第二，等了快六個鐘頭都還沒辦法開刀，你會怎麼想？是不是找關係就可以快一點？不是急診嗎，為什麼要等這麼久？萬一有什麼意外，醫院要不要負責？

大家要想一想，手術房滿載，找關係插隊擠出別人，這樣是道德的嗎？還是顯示自己比較有辦法？醫院有固定的服務容量，當大家都想使用，等待是唯一的方法。如果等不到開刀房而病情惡化時，即便人已經在台大，還是要轉院！救命比較重要，而不是堅持在沒有容量的地方讓小問題拖成病危。「到醫院了，就安全了」只是一個假象。

第三，每隔一陣子就會在電視上看到雇主虐待外籍看護工的新聞，我常常在想，照顧病患是怎樣的一件事，不然雇主為什麼不自己做？那麼微薄的薪水，離鄉背井、語言不通，在一個窄小空間裡，處理臥床病人的日常生活，是多麼辛苦的事！自己親身照顧過病人才知道過程的辛苦，生病不是病人一個人的事，也不只是醫療人員的事，一個重病者，會拖累很多人，不但有醫藥費用的負擔，還有照顧者無法工作的經濟損失，以及照顧者要犧牲其他被照顧者（例如幼兒）的窘境。所以，不重視健康的人往往不能體會生病時對家庭的衝擊。

第四，不同科別訓練下的醫師對抽血報告的解讀，可能會有不同意見。並不是每個生病的人都有具有醫學背景的家屬可以提供諮詢，我父親鉀離子過高，當然外科醫師要仔細再評估才能放心讓他出院。我因為有自己的專業考量，覺得有能力處理父親的問題：父親住院時間太長，才是家裡最大的壓力，所以出院是基於我的決定，我自己要負這個責任。外科醫師並沒有錯，在父親出院時很謹慎的開了降鉀離子藥，只是我當時不在場，不然我會省下這筆資源，因為最後我父親並沒有吃這種藥。

第五，報紙常常有人投書，為什麼看報告還要掛號付費？又沒有拿藥啊！這個意見乍聽之下好像沒錯，但真的是這樣嗎？報告一定是正常的嗎？若是異常，你不用聽醫師的意見嗎？你自己有能力看了「異常」兩個字就可以自己解決問題嗎？還不是要再看診治療。甚至有人說，報告若正常，寄到民眾家裡就好，這樣對嗎？寄丟了誰負責？萬一檢查報告被別人看到了怎麼辦？民眾不願意付費的心態是，報告理應是正常的！我只是去「看報告」或「拿報告」。那很有趣，當初為什麼要檢查？報告正常不是最值得恭喜的事嗎？難道有人喜歡聽到乳房腫瘤是惡性，血糖太高開始要終身吃藥，或大腸癌手術後已經全身轉移……

醫院和醫師準備了病歷及解說報告，宣布了正常的訊息，當然要付出費用，而且比「異常」付出的代價更低。想想一件大家都做過的事：彩券開獎前花了一千元買了二十張彩券，開獎前心中一定覺得我這次可能會中一億元，開了獎後連一塊錢也沒中，心中突然一片空虛，我為什麼這麼笨……；檢查前擔心得到肝癌，食不下嚥，結果報告一切正常，突然覺得幹嘛花錢花時間來檢查？「正常」好像失去了價值！

## 我的經驗談

我以前在台大工作時，每次電腦改版後，都會遇到一個現象：醫師一接觸到新的電腦程式，執行工作流程不順手，立刻打電話到資訊室開罵，抱怨完了後，摸摸鼻子繼續使用。有一次資訊室工作人員來病房測試電腦，我跟他說新版本軟體流程如何如何難用，資訊室人員對我說：**醫師從來不會來建議他們想要的工作流程，我們設計出來的東西他們又不滿意，教我們該怎麼做？**

醫師長久以來抱怨近年來的醫療環境惡化，但僅限於私底下發洩不滿，抱怨公會無能及民眾無知，從來沒有人去找出問題的所在。執行醫療的人若不對其環境做改善及投入心力，非醫療人員如同上述醫院的程式設計師一樣，便永遠設計不出合用的產品！電影《金髮尤物》（Legally Blonde）第二集片尾，女主角舉了一個很有意思的比喻：有一次她去做頭髮時，發現一開始美髮師就剪壞了，她明知道再剪下去會一塌糊塗，卻隱忍不發，眼睜睜看著頭髮愈弄愈糟，最後付了錢，頭髮一團糟，心情更是不好！這和醫師今天的處境一樣，看著環境愈來愈糟，醫療人員隱忍不發，任由它敗壞，每天埋首工作研究，醫師不快樂，民眾也不滿，媒體及改革團體經常抓小辮子修理，這對大部分致力改善民眾健康的醫療人員非常不公平。

軍人若不斷受到民眾及文官羞辱，士氣一定會受到打擊，你想，國家有危難時，他們還會奮勇保衛國家嗎？每個行業都需要「執業」的尊嚴，醫師也一樣。

我覺得醫療環境短期內不可能有太大的改革，在制度不完美的情況下，醫病應各退一步看看彼此的處境，不要浪費無謂的時間和金錢在鬥氣，這樣並無法得到健康。我認為，當民眾愈了解醫療運作的實際情況，就愈能體會醫師的處境；面對疾病，也愈能為自己做出更有利的決定。

台灣的就醫環境基本上也是M型社會，社經地位高者，往往有特殊管道可以快速取得醫療資源。我對動不動一通電話就能上達天聽的特殊階層沒有興趣，他們已經擁有太多的資源，既不用等待，也沒有經濟壓力，沒什麼可以讓我們去操心的，像侏羅紀公園的恐龍會「自尋出路」，但一般人則只能循正常管道求醫。政府好像覺得民眾太聰明了，制度法令設計都曖昧不明，求醫的過程竟然是如此困難而艱辛，民眾每走一步都要自己摸索。

國家強盛的原因和專業知識普及有莫大關係，民眾應該要有機會用最簡單的方法學習到各種知識。鄰國日本能在一百多年前快速在世界崛起，在於有大量的外國書籍能被翻譯為該國文字，造就更多日文專業書籍不斷問世出版；台灣雖然學習非常自由，資訊取得也容易，但專業知識幾乎都只能仰賴閱讀外文書籍來獲取，所以一般人想一窺某專業領域，幾乎不得其門而入，何況醫學知識只是其中一門而已。我們根本很少有較普及的中文醫學書籍，國人自編給醫學生看的醫學教科書也少得可憐，我寫這本書的目的不但想建立民眾對醫療的正確認知，另一個目的也是在勉勵辛苦工作的年輕醫師。

一位醫師一輩子能看多少病患？再厲害的醫師，也只能影響四周的人，效能無法擴散，因為醫療不是產品，只能一對一以個案處理，非常耗時！再厲害的新竹名醫也救不了台東的病人。醫師和病人對話的時間實在太有限了，所以我才有透過演講及寫書的方法來達到改善醫療環境的想法。這本書的大綱放在我的電腦已有八、九年之久，很高興現在我有機會把它寫出來，並希望藉由拙作，能改變讓病患及醫療人員痛苦不堪的環境，這也算是我對這社會的一個小小貢獻。

我不懂中醫及另類療法，所以不會提及；醫療團隊還有很多重要的組成，因為我只是一位醫師，不能完全了解其處境，希望其他醫療團隊成員也可以站出來讓大家了解你們可以對社會的貢獻。

本書不會提到太多健康保險的規定，健康保險制度除了有經濟的考量還有「政治」考量，所以不能反映真實醫療的需求，我只會提一些常見的保險制度所帶來的醫病衝突原因。醫療資源是有限及昂貴的，災難發生時除了飲用水和食物，醫療資源是其次珍貴的，以往可能棄之不顧的抗生素及止痛藥，此時會求之而不可得。

醫師應知道一個好的檢查及治療方法若民眾負擔不起，等於根本沒用；民眾要了解天下沒有白吃的午餐，不可能不付出應有代價而要無限制享用高級餐點，因為這樣只會拖垮制度及債留子孫。

# 看病的方法

## 醫師從未告訴你的祕密

CONTENTS

# 看病的方法
## 醫師從未告訴你的祕密

CONTENTS

# 看病的方法
## 醫師從未告訴你的祕密

CONTENTS

# 教育體系忘了教我們的四件事

**沒有教我們法律知識**：民眾只有立場，沒有是非。

**沒有教我們理財**：我們只知道不斷工作到死，不知道如何規劃財務及經營人生。辛苦一輩子的成果往往葬送在不良投資或落入高利貸陷阱而無法自拔。

**沒有教我們談戀愛**：感情有賞味期限，愛情有悲歡離合，付出不一定會有收穫，但我們總是一直編織天長地久的假象。分手後總是刀光劍影，不知道珍惜過去美好的時光。

**沒有教我們看病的方法**：民眾永遠死於制度之下，而非疾病本身！

# 第一章　目前醫療所面臨的問題

## 古典預防醫學

《漢書卷・六十八・霍光金日磾傳・第三十八》：

人為徐生上書曰：「臣聞客有過主人者，見其灶直突，傍有積薪，客謂主人，更為曲突，遠徙其薪，不者且有火患。主人嘿然不應。俄而家果失火，鄰里共救之，幸而得息。於是殺牛置酒，謝其鄰人，灼爛者在於上行，餘各以功次坐，而不錄言曲突者。人謂主人曰：『**鄉使聽客之言，不費牛酒，終亡火患。今論功而請賓，曲突徙薪亡恩澤，燋頭爛額為上客耶？**』」

## 現代預防醫學

完全健康時所做的一切用來**預防疾病發生**的動作（疫苗、改變生活習慣、注意運動飲食）叫做**「初段預防」**。

已經生病但沒有症狀出現，**利用特殊的檢查方法**（健康檢查）早期找出疾病，早期治療，叫做**「次段預防」**。

生病後已經出現明顯症狀，醫師為了防止病患殘障或死亡所做的努力叫做**「三段預防」**；「三段預防」其實就是**「災難醫學」**。

臨床醫師就是那個打火英雄，在古代，即便房子已經受損了，主人（民眾）仍會殺雞宰羊置酒感謝因救火而忙到焦頭爛額的消防隊員；在現代，多看報紙標題都知道，消防隊員滅火後，民眾給消防隊員的第一句話就是：「**你們的救火車為什麼來得這麼慢？**為什麼把我的門撞破？為什麼把我客廳的百萬名畫澆濕了？為什麼只救了我媽媽、太太及大女兒，我兒子還在裡面耶……」

火災（生病）是因為消防隊放火的（醫師造成的）？還是電線走火（老化）、未關爐火（吸菸等不良習慣）、還是放任小孩在家玩火（意外災害）所引起的？

消防隊員跟你非親非故，卻冒著生命危險搶救你的家人，得到的回報卻是連珠砲式的抱怨！這就是現代社會人情澆薄的現象。

不願意為自己的行為負責，把受傷害的責任轉嫁幫助你的人，最後將付出代價！像是好心救治車禍路倒傷者的人，往往會被當成肇事者，這樣以後誰還會見義勇為？

**我只想做那個提出火災警告的那個人，希望主人聽得下忠告。**

## 醫療現實

### 所有醫病紛爭的根源

**看診時間太短**，病患最常見的抱怨：醫師很兇、醫師沒有耐心、醫師都沒有解說、醫師連頭都沒抬起來看一下、我想說很多問題但醫師都沒給我時間說、醫師開一堆檢查、聽不懂醫師在說什麼……

### 為什麼醫師不給病患足夠時間？

主要原因是：

**每一診的門診掛號數太多**：目前健保給付診察費太低，醫院只好以量取勝，每次病患只能分到很少的時間，還要不斷的複診。此外還有名醫情結，民眾對名醫門診的需求量高，但診次就是那麼少，只好接受病人大量掛號。

**醫師的診次太少：**特別是很多在醫院工作的醫師，太多行政、病房、研究、檢查室的工作，導致每週只有一到兩節的門診，當然病人一號難求！

## 醫療系統到底給醫師多少時間？

**又要研究又要服務，**
**又要查房又要執行特殊檢查，**
**又要教學又要開會！**

學術可以和服務並重嗎？很多醫院的醫師都是兩頭燒的蠟燭，有升遷及業績壓力，為了不犧牲到業績，只好在有限的診次看大量的病患。

## 如何解決醫師看診時間過短結構性問題的個人淺見（其實外國早就實行）

**降低每個診次的服務量，管制病人數，改約診制：**每個病人就醫時間增長，服務品質提升，不需要把一個問題分成很多次門診才能解決。**但民眾須付出一個代價，就是等待的時間變長，甚至達數週之久！**好處是不必再花時間在診間外枯等數小時。等待時間增長後，急性病及小症狀如感冒、足癬及腹瀉等等，**民眾不耐久候會自動尋求以成藥處**

**理。**民眾只有在遇到重大疾病才會耐心等待約診，如此一來，醫療機構不必再花大量時間處理危險度較輕的疾病；健保也省下大量民眾看輕微疾病的費用。

**提高每個服務的健保給付：**提高門診服務單價，醫院及醫師才會有意願接受限制門診服務量，單次就醫民眾才有充足時間和醫師討論病情；醫師工作負擔減輕了，也會減少犯錯機會。**診察費單價太低又要醫院及醫師減少門診量是天方夜譚！**

**醫院只能接受基層醫療機構轉診的病人：**掛號過於自由導致很多輕症病人擠滿醫院，重症病患不得其門而入；而且還有民眾對專業科別不認識而掛錯科別造成時間上和金錢上的浪費。「醫院只接受轉診病患」才能解決困難問題，而不是淪為全面性的開藥機器。

## 民眾願意犧牲就醫自由換來高品質的醫療嗎？

問題是：民眾願意等待嗎？民眾願意受限嗎？

因為現在你想看診，幾乎每天都可以，不必像外國需要等待兩到三星期，只要你掛得到號！掛不到號，去急診醫師一定會幫你看診，因為醫療糾紛多，沒有醫院敢拒看病人。現在你想去哪家醫院看診，甚至是教學醫院，隨時都可以，不需要基層醫師的轉診單；沒有轉診就沒有分工，造成大型醫院林立，而社區醫院診所難逃倒閉的命運。

## 思想教育

沒有一個行業像醫療一樣有很嚴格的考核及持續進修的規定，不論醫師、藥師、護理師及其他醫療團隊成員，都要在規定年限內修畢專業課程才能延展執照之有效性，但近年來在一些「專家」的建議下，竟然還規定必須上道德倫理課！醫師已經被當成道德思想有問題的一個族群。

### 雙輸的賽局

民眾不願等待卻要求更長的看診時間、不願付高額保費卻要求最好的資源、重複就診然後任意棄置藥品；醫師因大量看診而犧牲診察時間換取診察費、大量使用防禦性檢查卻換取少得可憐的門診收入。

### 金字塔、萬里長城與健保制度

世界上每個雄偉驚人的建築多半是犧牲千萬苦力民工之性命所換來的；國人交相指責及老外覺得不可思議的健保制度，也是犧牲無數醫療人員的生活品質及陪伴家人時間所換來的。

## 我的老外病患

我現在服務的診所外國病患很多，他們對台灣的醫療制度有很多好評：

老外A：什麼？當天來診所掛號就可以看診？我們國家只能約診，至少要等三星期才看得到診。而且，急診可以拒收非緊急病患！

老外B：什麼？看完診拿了一個月的降膽固醇的藥，掛號加診察費加藥費部分負擔只要四百元？你是說美金還是台幣？

老外C：什麼？看完診，在診所就可以拿藥？我們國家要開車開好幾個小時到好幾家藥局才能配到所有的藥。什麼？你們要改成和我們一樣？Stupid！

老外D：什麼？我可以直接去榮總看病！你不用開轉診單給我嗎？我們國家沒轉診單不能到醫院就診。

老外E：哇，太神奇了。台灣幾乎每一家醫院都有MRI（核磁共振），診所都有超音波，而且兩個星期就可以排到檢查，實在太方便了！我放假回國時排了三個月都還沒輪到我。

別傻了，當然老外也有不爽的……

老外F：你們的醫院太crazy了，竟然一位醫師的門診可以掛了八十幾個病人。

老外G：你們的醫院也太大了吧，我都找不到門診及檢查的地方。

老外H：你們婦產科門診太可怕了吧，醫師叫我到內診檯脫下褲子等醫師檢查，外面好吵人好多，醫師竟然還在旁邊和另一個女病患講話，我就下半身涼涼的一直躺在檯上十分鐘，很多工作人員還從我前面經過，都不尊重病人隱私！

老外I：什麼？高膽固醇服藥後正常了，健保規定就要停藥？我一停藥不是又會高嗎？那為什麼高血壓藥沒有這種規定？

老外J：有沒有搞錯，我的小孩感冒，醫師竟然開了八種藥？為什麼退燒藥要開兩種？病毒感染要開抗生素？

老外K：Dr. Chen，我的問題真的不能在你們診所處理好嗎？求求你，不要把我轉到醫院去，再幫我想想辦法，求求你！

**生病已經很痛苦，看病更痛苦，因為資訊不對稱，因為改革總是遙遙無期**，所以，開始面對現實吧！

我們不敢上法院或醫院就是不知道它的運作方式！所以了解醫療的運作過程後，就不會再有恐懼的心理，排除就醫障礙，專心對付疾病。

## 聯考版與實用版的健康教育

### 古老的傳說

想一想，國中學的急救方法真的有用？退燒方法對嗎？毒蛇咬傷處理方法會見效嗎？醫學日新月異，陳舊的知識往往已不實用，先入為主的觀念，反而變成日後接受新知的障礙，為考試而記憶的知識多半會在大腦消失無蹤。

### 想不起來及沒用的健康知識

減重的時候你還記得脂肪及澱粉一公克幾大卡嗎？知道血壓正常值就等於了解如何診斷高血壓嗎？聽了一堆演講，看了一堆書，但罹患的總是你不知道的那個病！

### 喝牛奶需要自己養一頭母牛嗎？

病患能充分了解醫師的解說當然最好，但往往是不太可能，有時候是醫師口齒不清，有時候是病患理解力不好，有時候是真的很難懂。但，當命都快沒了時，還要研究完心臟構造才敢給醫師開刀嗎？

看病從來就不是帶著現金及健保卡上醫院診所那麼簡單的事，**你不需要花太多時間在學一個疾病，學會了你也沒有能力救自己，包括醫師本身，你要學的是「看病的方法」！**

## 看病痛苦的原因

### 不知道到哪裡看病？

教學醫院、地區醫院……，還是巷子口的王婦產科就好？

### 不知道該什麼時候去？

醫院下午四點可以掛號嗎？李小兒科下午一點半醫師在不在？

### 該找哪一個醫師？

高血壓都八年了，該改去看心臟科周教授嗎？頭很暈到底該掛什麼科？

## 等待時間過長，看診時間過短！

蘇先生：早上八點二十分掛到三十七號，為什麼都已經十一點四十分了還輪不到我，前面那位病人已經進去診間十五分鐘了還不出來？我趕著下午一點去上班！

許婆婆：我才說胸口悶悶，醫師就叫我去抽血、照心電圖，下星期再來，連頭都沒抬起來。

## 不知道該向醫師說什麼？用模糊的語言和醫師溝通……

病患：我**全身**都不舒服。

醫師：好吧，哪裡最不舒服？

病患：頭好痛，可能**偏頭痛**又犯了。還有就是消化不好，就是「**胃腸很弱**」，**免疫功能**很差……

醫師：先講頭痛好了，頭痛幾天？

病患：**好幾天了**。

醫師：怎麼痛法？痛哪裡？

病患：**就痛很裡面嘛**，又脖子痠痠的；可是今天會久久抽一下，在太陽穴附近抽痛……

醫師：每次痛多久，會想吐嗎？

病患：**痛滿久的**，不會想吐。

醫師：應該不是偏頭痛。

病患：……

## 醫師的診斷對嗎？

葉小姐：上次胸痛，市立醫院心臟科周醫師說我是二尖瓣脫垂引起，這次症狀和上次一樣胸口會悶悶熱熱的，竟然林內科的醫師說我是逆流性食道炎？

## 我該相信醫師嗎？

周奶奶：明明就頭很暈，脖子很硬，血壓都142/86 mmHg了，上星期才120/72 mmHg，陳醫師竟然不開血壓藥給我，還叫我吃抗焦慮劑及止痛藥，太過分了，我又不是精神有問題。我去找謝醫師好了，上次他開的血壓藥，**我吃三天就好了**。

黃先生：我小孩前天去大醫院急診看過，醫師說是感冒，發高燒但吃了藥還是不退；去給夜市巷子口的葉醫師看，他竟然說我的小朋友是中耳炎，還叫我自費買藥，他是不是故意要騙我？人家大醫院都不用自費，開業醫師總是想賺我們的錢！

## 就醫複雜化的因素

### 大型醫院林立

空間錯亂、走進醫院就迷路、找不到掛號處、掛完號找不到二樓的外科診間、檢查室在舊大樓四東走廊……

### 分科太細

到底膝蓋痛看骨科？復健科？還是風濕免疫科？

大便帶血到底要看新新醫院胃腸科？王王醫院第二消化科？台台醫院肝膽腸胃科？還是榮榮醫院直肛外科？

### 醫師門診次數太少而每節病患太多

醫療未分工，疾病無論輕重皆在醫院解決。

民眾：「生命無價，健康多麼重要，反正價格也沒差太多，到醫院掛心臟科權威就對了！」

## 社會、媒體、政府行政單位過度忽略基層醫療的重要性

明明社區醫療資源唾手可得，卻把資源全部集中到醫院，浪費太多交通支出、醫藥費支出，及等待時間去處理尋常醫療問題，換得少得可憐的看診時間。醫師很難在基層及中型地區醫院立足，只好再回到大型財團醫院受剝削。

注意看一下市面上很多對健康產業的專題報導或雜誌，永遠都是在比較各家醫院的重裝備（高級檢查儀器）以及出現很多穿白袍的醫師雙手抱胸照片，下面的標題是「××醫院的××手術團隊」，好像電動玩具或七龍珠在比誰的戰力強或誰是超級塞亞人。但，你這輩子有多少機會需要用到這些大陣仗？大概就一次吧，再來就哈利路亞或阿彌陀佛了。

## 民眾不知道看病的重點在哪裡？

看診時，**浪費太多時間在討論無意義的議題**。

# 第二章　聽說、媒體說、醫師說……誰說了算？

## 這個世界上什麼是可信的？

一件事情的可信程度受兩個因素影響：

### 一、事前因子

**個人以往的觀念及舊有權威**：爸爸說的、報紙看到的、鄰居告訴我的、談話節目超自然療法佐藤博士說的、肝臟權威說的……

**個人信仰**：我是××教徒所以我不能吃××、西藥治標傷胃、中醫治根沒副作用、沒檢查沒事愈檢查病愈多、類固醇是害人的、抗生素會破壞免疫系統、止痛藥傷腎、安眠藥會上癮、高血壓藥會愈吃愈重……

**以往的科學研究報告：**美國哈佛大學研究、台大醫學院研究、瑞士大藥廠研究、番茄公司研究……

## 二、現在狀況

我現在聽到看到的情況、我現在的研究結果、最新研究證據。

# 到底什麼才是對的？可信的？

**事前因子和現在狀況會影響一件事的可信度，然後我們會對這件事情產生新的價值評斷及信念，進而影響我們的行為。**

個人信仰很強，例如相信運動有益健康，就會持續運動健身；例如相信抗生素是壞的，小孩生病就會堅持讓他自然復元。好的說法叫做信心堅定、虔誠的信徒；壞的方面叫固執、基本教義派。**好的信仰可以產生力量，不正確的信仰會阻礙新觀念知識的吸收。**

同樣的，你今天若看到一則新聞報導，或一個專家說法，那就可信嗎？大家應該聽過「以管窺天」與「瞎子摸象」，**很多人只看了事情一小部分就要解釋成整個全部，這**

**樣合理嗎？不需要再查證嗎？**

何況，發表言論的人往往只是社會「賢達人士」或媒體轉述說法，他們的專業只在某個領域，並非醫療或科學。**這種發言一定有分量，但不見得是對的，因為隔行如隔山。**

那醫師今天的說法，你從來沒聽過，所以不太相信，怎麼辨：他說的合乎邏輯嗎？醫師是哪裡畢業的？執業經驗多久？是專科醫師嗎？是教授嗎？常不常上電視？要不要再問第二位醫師？要不要自己買書來看或網路再搜尋一下相關資訊？

不論一般民眾，甚至是醫師或學者專家（或作者本人……），有時候會情緒性地陷入某種不正確的思考或過度自信、相信權威，而忽略搜尋資料的工作妄下結論。或者只觀察到一個現象，就主觀的認為所有的事應該都是如此。

**仇恨往往就是被這種偏執思考方式所擴大**。在台灣，這種情況特別嚴重，政治傾向、特殊職業、社會事件都被放大及貼標籤式的批判。批判者若是一般民眾就罷了，很多被視為指標的領袖人物或一方學者也都這樣思考問題時，這個社會就失去理性討論的空間。

## 三個常見的假設狀況

狀況一

媽媽：小珍，妳肚子痛還拉肚子，不能吃冰淇淋，不信妳問醫師叔叔。

小兒科莊醫師：沒錯，拉肚子吃了又冰又甜的東西會拉得更凶喲！

小珍：好啦……

事前因子：媽媽的知識、媽媽的權威。

現在狀況：莊醫師的警語、肚子痛。

**事前因子與現在狀況兩者契合**，小珍只好相信而妥協，家長及醫師都滿意結果。

狀況二

五十二歲的宋女士，公司負責人，已經七年無法正常入眠，用盡各種記憶枕頭、床墊、燈光、隔絕噪音、吃健康食品、喝紅酒、吃中藥及運動都失敗，最近就算睡著了，半夜也會醒來而輾轉難眠至天亮，因而求診。

家醫科陳醫師：「因為妳已經停經了，但有乳癌家族病史，不適合荷爾蒙治療；而且妳的事業太繁忙、壓力太大，目前根本沒有停下工作的客觀條件，另外妳也沒有其他病痛或呼吸及心血管問題，所以每天服用含抗焦慮成分的安眠藥是最好的方法。」

宋女士：「聽說安眠藥吃了會上癮，而且會愈吃愈重，報紙說吃了會傷肝，我先生也不許我吃，我不知道該怎麼辦？我是公司負責人耶，我不想讓人家知道我每天要靠藥物才能入眠！」

事前因子：「聽說」、「先生的警告」、「報紙記者說」，身分地位崇高卻需要受藥物控制，因此喪失了尊嚴。

現在狀況：陳醫師的忠告、以前嘗試過的「安全」方法都失敗。

**事前因子與現在狀況兩者衝突！**宋女士可能選擇再找別的醫師及方法，也可能接受陳醫師的建議。

後來，她選擇後者。因為陳醫師說：「反正妳七年以來都不好睡，即便後來妳考慮不吃藥，也不會更糟，只會回到本來就不能睡的原始狀況。妳先只吃七天看看情況，服藥若真的沒效反而出現副作用，我們就停藥吧。」一星期後，宋女士神清氣爽的回到門診說：「早知道就該提早治療，真是後悔！」陳醫師則繼續調整宋女士的安眠藥劑量，並給予抗憂鬱劑的治療。

宋女士的睡眠及精神從此大幅改善，治療六個月後還在持續用藥中，仍無法停藥，但並沒有明顯身體不適，睡眠狀況良好，工作能力大幅提升。

## 狀況三

六十歲的李董事長慢性咳嗽已三個多月，後來出現咳血現象及體重快速下降才就醫，醫師檢查後發現李董事長罹患了肺部鱗狀細胞癌及骨骼轉移，只能靠化療延長生命及電療減少骨骼轉移的痛苦，生命可能只剩六個月。李董事長的女兒很擔心，於是又再找兩家醫學中心求診，得到的答案都一樣，網路上及專業書籍的資訊也都看到相同的訊息。在絕望之時，好友許太太介紹了一位剛從美國回來擅長自然能量療法的邱博士，聽說他對癌症治療很有經驗，所以女兒李小姐就帶李董事長去「就醫」。

邱博士：「西醫的化療及電療對身體危害太大，若你改吃我們公司的天然有機食品、飲用離子交換過濾淨水器處理過的電解水，及連續服用六個月的清毒飲食，另外每天用能量椅做物理磁場治療，很快身體就會改善。我已經用這個方法治好很多乳癌、大腸癌及子宮頸癌病患。」

李小姐：「哇，原來如此！那幾家醫院的醫師介紹的方法副作用都太大了，我今天才知道用有機能量療法可以改變體質，那我考慮看看好了。」

事前因子：知識認為化療及電療是有害的、醫師警語及建議、文獻資料。

現在狀況：美國博士、無副作用有機能量療法、可改善體質、有很多癌症病人被治好。

**事前因子和現在狀況衝突**。李小姐陷入沉思，教學醫院醫師都很有經驗，但只能延長幾個月的壽命；但邱博士的方法有可能治好父親。

後來，李董事長接受了有機能量療法，停止到醫院就醫。前兩個月除了咳嗽及輕微頭痛外，沒什麼異樣，服用有機解毒食品過程中，腹瀉常常出現，但邱博士解釋那是排毒的現象。四個月後，突然右側肢體出現麻痺的現象，不能言語，因此趕快送到醫院檢查，才發現腦部有很多腫瘤轉移了，入院後很快昏迷，在加護病房住院五天後去世。

李小姐很氣又很傷心地向邱博士質問為什麼有機能量療法沒效？邱博士說那是李董事長曾有兩週沒規則服用有機食品所致，他其他的病人都效果很好。李小姐後來有去詢問其他病人。某大腸癌病人說：**「我們在醫院有接受過手術切除腫瘤及化療之後，才開始用有機能量療法。」**李小姐聽完一片茫然……

# 第三章　你真的認識醫師這種行業嗎？

到底是聰明又驕傲、沒畢業就有人拿美女照片來相親、岳父幫你開診所賺大錢、當醫師娘每天可以穿金戴銀；

還是頭腦僵化又一堆壓力挫折、女朋友永遠等不到你下班約會就改嫁別人了、診所交不出前兩年點值下降的差額準備下個月歇業、再回財團醫院工作受剝削。

## 醫療烏托邦

因為健保門診診察費提高七倍，醫師每天只看十五個病人就可以下班和家人團聚用餐。

每個病人看診時都可以和醫師對談三十分鐘。
病人都按照約定看診完全不用等待。
心臟科廖主任不用每天看一大堆高血壓病患而能專心處理棘手的心律不整問題。
李教授可以專心做研究，不必擔心看診量少、績效不好而被醫院開除。
病患都能順利住院或轉診，急診處張醫師不再擔心病人數量過多，躺滿走廊。

**小常識：醫師的人生轉變**

常看電視就會發現小時候應該語文能力超好，雄辯滔滔的醫師，當了多年醫師後，受訪問時反而口齒不清，中英文或醫療術語夾雜，好像剛從火星移民地球，很難讓人感覺出專業的形象……

## 醫師真實的人生

### 從小就很累

醫學院永遠不變的遊戲：從大一開始訓練每一分鐘回答一題的「跑檯」考試。因為以後病人沒有辦法容許你發呆三十秒卻診斷不出病名，而且病人也不滿你只看診三分鐘。

很多名人很愛說小時候多愛玩、多流氓、功課超爛、常翻牆蹺課，最後還是成功了。結論就是行行出狀元，不用太在意小時候功課不好，該把妹、該逛夜店就去，年輕只有一次，云云。

在這時候醫師就是一個反指標，小時候功課很好，放假過年照樣在K書，也沒空交異性朋友，不認識偶像明星，像外太空生物一般解數學物理題目很快，最後也不過如此。

## 學了很多年的醫學知識一到臨床完全沒有用

醫學系六年級時，參加高中同學會，以前的同學已經是大學講師或電腦工程師。但你連感冒都不會看……

## 父權教育

早上被教你應該視病如親的教授痛罵一頓，下午實習又看到教授在罵病人。

## 小常識：什麼是「跑檯」？

「跑檯」是醫學院及理學院愛用的考試方法，在六十到一百張實驗桌上放上標本或顯微鏡，每個同學站在桌子前面就位，助教一聲令下開始答題，一分鐘後像大風吹一樣，換到下一張桌子答下一題，一分鐘後再換位置，然後這樣六十到一百分鐘後考完所有題目。答案全靠反射動作，不能後悔，沒機會看原來的題目，也沒有作弊的可能，這叫做「跑檯」。每個醫學生是從小跑到大……

以後見到醫師看你一眼就診斷出來不要太驚訝，他們本來就有這種能力。有些專科的某些醫師更是登峰造極，可以一次看五個病人，你連開口都不必，醫師就幫你及旁邊不知所措的病友診斷好了。下次遇到就知道了。

登峰造極算什麼，綜藝節目上聽Call in的醫師，連你的臉都看不到，光聽電話就可以幫你診斷好了，簡直達到神之境界！

我離開大學時代太久了，搞不好現在的跑檯改成助教拿麥克風說：一隻蟲白白的，尾巴捲捲的，長度約六公分，放在壓克力櫃中，背景是藍色的，請問這是什麼蟲？

## ♥作者小感想：嫁給醫師的好時機

如果妳還是想嫁給醫師，而且妳的あなだ（Anada，愛人）只是一個醫學生，就要有長期抗戰的打算。比較投機取巧的方式就是找醫學系七年級的實習醫師，因為他戀愛多年的女朋友多半此時棄他而去，剛好心情低落，薪水又很低，已經沒什麼自尊的時候，妳就有機會了。潛力股跌到谷底就是價值的所在，妳應該感謝前面那個「好人」在崩盤的時候倒股票給妳。

### 超時工作

上完一整天班，晚上還要值班，**今天值完班，明天不是補休，請你繼續上班！**不爽？**醫師並沒有勞基法保障！**

值班費？不多。前輩說：「我們以前連值班費也沒有！」

想結婚？先找到可以代你班的醫師再說！

### 自身難保

向醫師請教養生之道？**不如去問鄉下種菜「勇健」的歐巴桑。**會治病和會養生是兩回事，醫師要求病人多休息多喝水多運動只是客套話，連自己都很難做到……

**小故事：少年陳醫師**

一九九三年，我是實習醫師，某一夜凌晨十二點五分，我拿著第三盤（每盤有二、三十支）靜脈針劑正在幫病房所有的病人注射。走在病房的走廊上，一個病患家屬說：陳醫師，從早上六點半就看到你在忙，好辛苦啊，醫院一個月給你的薪水至少應該有三十萬元吧？

我：嗯，一個月七千元，對不起，我去忙了……

## 醫師名詞大解釋

**見習醫師**：醫學系五、六年級學生

識別方法：短白袍，只有繡**名字**在醫師服上。仍然是學生，不參與臨床工作。

表情：神采奕奕。

常出沒的地方：教室、教學門診、病房主任查房時後面那一大群、住院時跑來病床邊問你已經被問了八次的發病過程。

**有空和他們多聊聊天，因為他們要交作業……**

**作者小感想：「王侯將相寧有種乎？」**

實習醫師是教學醫院必要之「惡」。沒有學生哪來的教授？也沒有人天生是名醫。醫術高超是經驗的累積，每個醫師都是從什麼都不會的菜鳥醫師慢慢成熟。我們應該多給新進醫師鼓勵而不是臉色。

醫療是團隊作戰，每個人都有他的重要角色。你今天接受到的先進醫療技術都是幾百年來病患及醫師的貢獻。醫師從病患學習到愈多的經驗，就能造就更多病患未來的幸福。

**實習醫師**：醫學系六、七年級學生

識別方法：短白袍，名字上已**繡上醫師**二字。仍然是學生，開始臨床助理工作，不能獨立開立處方，工時長，地位低，薪資低。

表情：生澀、惶恐、無自信、疲倦、兩眼無神。

常出沒處：病房、開刀房、急診處。

**住院醫師**：醫學系畢業後，**已考上醫師執照**，已分科之正式醫師

識別方法：短白袍，名字上已繡上醫師二字，另外有住院醫師之識別證。

住院醫師才是教學醫院照顧患者的**主力部隊**，已能獨立照顧病患及自己擬定治療計畫，**工時超長、值班超多、壓力最大及薪資毫無起色的一群**。

表情：眼睛時而炯炯（喝了咖啡），時而沮喪（剛開完會被教授狂電），時而無神（剛值完班），講話速度急迫，走路飛快，好像得了甲狀腺亢進。

常出沒處：病房、開刀房。

**小常識：七月新血**

每年七月都是實習醫師及住院醫師換新血的時期。新手上路請多包涵！

**總（住院）醫師**：住院醫師的最後一年，多半是第四第五年

識別方法：同住院醫師，但是他負責行政、教學及**病房安排**的工作。

總醫師是醫院各科中**戰力最強的一群**，經驗及學識都漸達成熟的醫師，但也是壓力達到顛峰的時期，很多人在此時完全以院為家，運氣不好的還會妻離子散。很多病房臨床技術多半是總醫師最熟練，而且已經達到出神入化的境界！

常出沒處：行蹤飄忽。

在住院醫師生涯中，值班時病房若有一些病危的病人，總是戰戰兢兢、寢食難安，若看到總醫師學長學姐出現在病房，就覺得像觀音大士降臨，灑點甘露水問題馬上就被解決了！

**小常識：穿白袍的不一定是醫師！**

醫院穿白色長袍的人很多，不一定就是主治醫師。而且，有時候還是歹徒假扮的！

**主治醫師：已考取專科醫師執照**，開始看門診及收住院病患，已經完全獨立自主的醫師，所以要開始承擔所有責任

識別方法：**白色過腰長袍**，有繡上名字及醫師，及主治醫師之識別證。

主治醫師是一般民眾最能接觸到的一群醫師，從門診、住院檢查到治療計畫都是依

主治醫師的意志而施行。**一樣工時長及壓力大，有門診、病房、檢查室、開刀房的工作，還要負責教學、行政、管理及學術論文發表。**

常出沒處：門診、研究室、檢查室、會議室、開刀房……，有時人根本就在國外開會，行蹤飄忽。

## 行政或教職頭銜

**行政頭銜：**科主任、院長。

**教職頭銜：**講師、副教授、教授。

有沒有這兩種頭銜和會不會看病一點關係也沒有，但頭銜代表「有辦法的人」！

## 關於院長及主任

如果你都已經大學畢業了，就該知道什麼人是最有學問的，而有些只是行政頭銜。**你不會天真地以為市長懂得修水溝蓋、公司執行長會開發手機、陸軍師長射擊技術最佳、校長最有學術貢獻。**

看病不要迷信院長、主任醫師，他們可能剛好也是好醫師，但他們常常太忙或專業並不在此，並不能提供最好的服務。**他們只能滿足某些特定人士的需要。**

## 小常識：遠親不如近鄰

總醫師（總住院醫師）並不是行政資歷或醫學技術最好的醫師，也不是「最大」的醫師。別被不明就裡的媒體及廣告所騙，每個醫師完成住院醫師訓練前都當過總醫師，沒什麼了不起。沒當過總醫師反而可能是受訓過程有問題。

如果你「階級意識」很強，就要知道一個科最大的是主任，再來是其他主治醫師，再來是總住院醫師，再來是資淺的住院醫師，最後才是實習醫師。

出院若要感謝醫療人員，先感謝護理人員，其次才是照顧你的住院醫師及主治醫師。總醫師、主任及院長貢獻度其實非常有限……

# 不要忽略掉年輕醫師的重要性

如果只是看門診，接觸的幾乎都是主治醫師；在教學醫院住院，則年輕的**住院醫師**才是照顧你生病家人的最重要人物，其他如總醫師及主治醫師多半只是監督及指導角色。**住院醫師**才能協助你立即解決問題。

**實習醫師**雖然不是正式醫師，但詳盡病史的詢問、協助醫師及護理工作、幫忙跑腿送病患檢查、手術、送檢體、抽血、打靜脈注射軟針（靜脈留置針）及找檢查結果，很多瑣碎工作要靠他們才能完成。

每個醫療團隊的成員都非常重要，不要大小眼對待不起眼的小人物，一個治療的成敗往往和他們有關，即使是清潔工或帶病人做檢查的工友阿嫂！

## 你以為的醫師工作

### 偶像劇劇情

日劇及韓劇中，醫師和小護士一天到晚在醫院陽台上打情罵俏及解決三角戀情……，**這些都是吹牛的！忙得快死了，誰有空啊！**

### 日劇：大和「敗」金女

**小田原大腸水療醫院屋頂**

佐久間醫師：藤原小姐，妳到底愛我多一些還是武田醫師？

藤原小姐：我、我……

武田醫師：你們兩個人在這裡做什麼？藤原，今天要給我講清楚！

佐久間醫師：武田，你這畜生！
然後，兩人打在一起。
藤原小姐露出微笑……

## 韓劇：我的野蠻「男」友

**京畿道整容大學附設醫院屋頂**

崔銀順護士：李醫師，你到底愛我多一些還是金英愛？
李炳鎬醫師：我、我……
金英愛護士：你們兩個人在這裡做什麼？炳鎬，今天要給我講清楚！
崔銀順：英愛，妳這狐狸精！
然後，兩人打在一起。
李炳鎬醫師露出微笑……

## 台灣鄉土偶像劇：白色「蛋」塔

總統府憲兵司令部無線電：報告報告，台大醫院屋頂上沒有可疑人士，只有兩張廢棄病床，總統車隊可以順利通過。

**台大醫院十五樓病房**

蜜絲李：陳醫ㄙㄨ，你還有心情吃飯？十一點半進來三床病人，你都還沒開處方。十之二床的阿嬤肚子很痛，叫你快去看她；一之三床阿公又從美國回來另外兩個家屬，要你再去解釋一次病情……

蜜絲林：陳醫師，你係臭耳郎（耳聾）嗎？十五床的家屬已經來station（護理站）ㄏㄨㄟ好多次了，還不趕快去看一下。便當到底要吃多久？再混就告訴你的主任！

陳醫師：是、是，我排骨ㄎㄟˋ完就去。

蜜絲李、林露出微笑……

# 第四章　生病了該找哪一科醫師？

## 認識各科醫師

### 內科系與外科系

**用手術方法治療的科系叫外科系。**

**不用手術方法治療的科系叫內科系。**

因為不斷有新的檢查方法或治療方法出現，**有時候已經很難區分某科到底是內科系或外科系**。例如有些外科醫師改走加護病房治療，其實工作性質像內科醫師；有些心臟及消化內科醫師很會用導管或內視鏡做小手術，其實工作性質已經像外科醫師。

## 內外科系看病的順序

一般非外傷及急診的疾病看病順序是**由內科系到外科系**。

（為什麼呢？看完這本書你就知道，嘿嘿。）

例如腿麻先看神經內科，若診斷有明顯腰椎壓迫神經需要手術，則會轉診到神經外科或骨科做手術治療。又如很容易喘且下肢水腫，應該先看心臟內科診斷病因，若用藥物可控制，則持續看心臟內科，若有嚴重瓣膜問題需要手術治療，則會被轉介到心臟外科手術治療。當然這個病人也有可能是腎衰竭或肝硬化的患者，接下來的故事又大不相同。若明顯外傷或身體外部腫瘤，則可直接看外科系醫師。

### 小常識：Q版醫師的專業分科知識

內科醫師⇩什麼都知道，什麼也不能做……

外科醫師⇩什麼都做，什麼都不知道……

病理科醫師⇩什麼都做，也什麼都知道，但……太晚了……人都死了！

（指死因不明者，往生後為了找尋死因所做的遺體病理解剖。）

・開玩笑的，若只做病理切片檢查，當然人還活著・

## 小故事：醫師打獵

A醫師：

「那天上飛的是什麼鳥？麻雀？雉雞？貓頭鷹？」用望遠鏡一看，「啊～原來是鸚鵡！」砰！把鳥打下來。

⇩這個人是「內科醫師」，內科醫師謹慎保守，看對了才出招。

B醫師：

砰！把鳥打下來，走近一看：「喔，原來是鸚鵡！」

⇩這個人是「外科醫師」，外科醫師個性積極進取，很多疾病要打開（開刀）後才知道發生什麼事。

C醫師：

砰！把鳥打下來，就走了，管他什麼鳥！

⇩這個人是「家醫科醫師」。家醫科醫師在基層單位沒有精密儀器及各科醫師會診的支援，要憑經驗及智慧立即處理各式各樣複雜的問題。

# 正確版醫師的專業分科

## 內科系專科

內科：心臟、胸腔、消化、腎臟、內分泌、新陳代謝、感染、風濕免疫、血液腫瘤……等次專科

小兒科：同上及新生兒、遺傳疾病……等次專科

家庭醫學科、復健科、精神科、神經科、職業醫學科、實驗診斷科

**作者小感想：良師與良醫**

在我心目中，內科醫師是最有學問的。我的醫師學習生涯中，絕大部分醫學的專業知識都來自於內科師長的指導，我終身都非常感謝。希望以後大環境能改變，很多優秀的醫學生又會選擇拯救生命的內、外、婦、兒四大科。

## 外科系專科

外科：腦神經、胸腔、心臟血管、一般外科（乳房、肝膽腸胃、直腸肛門）、整形外科、小兒外科

骨科
泌尿科

## 內外兼修科系

婦產科：產科（生育）及婦科（感染、腫瘤、經期荷爾蒙問題）
耳鼻喉科：頸部及頭部不含腦、眼、牙齒等區域
眼科、腫瘤科、皮膚科、麻醉科、急診科、放射科、病理科、法醫科、其他

### 小故事：分門別類

某醫院院長發現眼科技術突飛猛進，病患人數大增，為了讓眼科部門技術更創新，分工更仔細，於是編列預算請眼科主任將眼科分成幾個專門部門，成立特別門診。兩週後，眼科主任進來院長室報告：「經過科裡所有主治大夫的熱烈討論，我們決定把本院的眼科分成『左眼科』與『右眼科』兩個部門，大家都沒有異議！」

看不懂嗎？下次看門診記得去問你的醫師（任何一科都可以），他會告訴你答案。

內科醫師常常嘲笑外科醫師沒念書，連簡單的疾病都不會診斷；外科醫師常常嘲笑內科醫師讀那麼多書有什麼用，病人都治不好。

古時候，各科醫師相敬如賓，互相幫忙；現在，世界變了，互相搶病人。

小兒科醫師：我們最會看腸病毒！小朋友的腸病毒應該先看小兒科。

耳鼻喉科醫師：腸病毒的診斷有什麼難？口腔咽喉疾病是我們的專長。

小朋友家長：我的小孩子就發燒喉嚨痛，我哪知道是什麼問題？我如果自己會診斷腸病毒，那我還去看醫師做什麼？

其實兩科醫師都有實力診斷腸病毒感染，小兒科擅長整體評估，耳鼻喉科擅長局部治療。若非腸病毒重症，其實腸病毒感染就算不治療也會自然痊癒，不必大哥笑二哥，比誰會治療。當出現重症腸病毒時（腦部或心肌併發症時），自然以小兒科照顧為主，耳鼻喉科醫師也不會笨到留重症腸病毒患者在自己門診追蹤。

# 有健康問題該找哪一科解決呢？

## 民眾較常弄不清楚的症狀及科別的關係

頭暈：耳鼻喉科、神經科、精神科

頭痛、癲癇、全身麻痛或肢體無力：神經科

失眠：精神科

兒童學習發展：兒童心理科（精神科）

受傷或先天肢體及語言發育異常：復健科

語言聽力：耳鼻喉科

口腔疾病：牙科或耳鼻喉科

頸部疾病：耳鼻喉科

乳房：一般外科或乳房外科，**不是婦產科**

身體不明腫塊：一般外科

關節腫痛：風濕免疫科、復健科、骨科

性病：皮膚科、感染科、泌尿科

外傷、昏迷、暈倒、意識不清、上吐下瀉、突發劇痛（頭、胸、腹部）：**急診科**

## 沒辦法明顯歸類的疾病

例如：

手部疾病可以看骨科或整形外科。

脊椎疾病可能神經內科、神經外科、骨科或復健科醫師都有能力處置。

口腔黏膜疾病則耳鼻喉科及牙科都有能力處理。

腹股溝疝氣可由泌尿科、一般外科或小兒外科治療。

## 很多疾病需要各科分工合作

例如乳癌需要一般外科醫師的手術及腫瘤科醫師的化療才能完全治癒。

鼻咽癌經耳鼻喉科的診斷後，局部腫瘤需要放射科的治療，轉移的腫瘤則需要腫瘤科的化療才能控制。

中風由神經內科或外科處理急性症狀，恢復期則由復健科接手訓練病患肢體運動功能、吞嚥、語言、排尿等功能。最後還要由療養院接手更長期的照護。

**那麼多狀況背不起來對不對？因為你沒有熟識的家庭醫師！**

## 家醫科門診天天被問的問題

孫伯伯：你們家庭醫學科到底在看什麼？你們會看痛風嗎？我太太在榮總拿的高血壓藥以後可不可以在你們這裡拿？**你們會不會很不專業，什麼都看什麼都不精？**（現在的病人講話都很「直接」，完全不會想到醫師會不會被惹毛了。）

## 什麼是家庭醫師？

教科書上寫的：

提供全人照顧的醫師。

醫師看病時會考慮病人的生理、心理及社會因子的影響……

說實在的，實在有夠抽象了，誰看得懂上面在說什麼？難怪家庭醫學科存在台灣二十年了，病人還搞不懂家醫科在做什麼？

你可不可以想像，你的公司請了一位行銷經理，**賣一個產品賣了二十年，沒有一個民眾知道那個產品是在做什麼的？**公司要不要考慮把他fire掉？

**另外，為什麼你家附近找不到家醫科診所？**

### 便利商店賣什麼？

有賣可樂吧？有賣泡麵吧？有賣砂糖和胡椒鹽吧？有賣報紙吧？有賣雜誌吧？可以代送洗照片吧？可以訂端午節的粽子及年菜吧？便利商店賣什麼，你想都不用想！

**所以買醬油需要到醬油工廠嗎？**

另外，你可能在便利商店吃到牛排大餐嗎？蚵仔煎？現炒花枝羹？江戶前壽司？

**當然不可能！**

### 家庭醫學科診所在看什麼？

和**便利商店**一樣，家醫科看**常見的疾病**！你直覺這個病很常見，或你想不出該看誰，就去找家庭醫師！

**（家庭醫學科「便利商店」學說，乃吾人所創之學說，老師們原諒我吧，民眾實在看不懂教科書寫的。）**

**簡明版家庭醫學科的三大功能：看常見疾病**（便利商店賣果汁、汽水、泡麵、面紙、火鍋料、冰淇淋、衛生棉）、**正確轉介病人**（便利商店不會洗照片及做蛋糕，但卻可以幫你達成任務）、**吸收醫學資訊**（便利商店的報紙雜誌）。

常買的可樂或泡麵（感冒、腹瀉、胃痛、痛風、高血壓、糖尿病）⇩便利商店**（家醫科診所）**

吃耶誕節情人套餐或買求婚鑽戒（中風、癌症、心肌梗塞）⇩去高級飯店或百貨公司**（教學醫院）**

吃牛肉麵大王或人氣蚵仔麵線（長針眼、魚刺鯁喉、月經不順）⇩去老張牛肉麵店或小李蚵仔麵線**（社區眼科、耳鼻喉科、婦產科診所）**

## 醫院直營店

**除了暴發戶，沒有人天天需要到五星級飯店吃飯！**同理，不是所有的病都要在教學醫院治療。

若民眾不能破除迷思，乾脆所有地區醫院都改成榮總、北醫、台大、慈濟、長庚、高醫、中國、中山及輔大的附設醫院，診所都改成這些醫院的直營店！

想一想SARS大流行時的台灣醫療

民眾不敢上醫院並沒有增加死亡率，為什麼？因為很多疾病本來就可以不必去醫院就診！很多症狀甚至根本不必吃藥。

我們最容易罹患的是什麼病？是盲腸炎、癌症、心肌梗塞、中風、尿毒症？還是感冒、胃潰瘍、腸炎、背痛、結膜炎、高血壓、糖尿病、香港腳及失眠？

**大部分的人走到生命的終點前才需要一直依賴著醫院！**

## 家醫科到底在看什麼？

家醫科醫師可以處理常見疾病，但不是什麼病都會看！

家醫科醫師往往先看到的是一個**症狀**，診斷為常見疾病就可以即時處理，若須進一步診斷治療則轉診至其他專科。

診斷很明確的罕見或重大疾病就不用再看家醫科。

**得到正確的資訊或轉介到正確的科別可減少很多不必要的憂慮及恐懼，並且節省診斷的時間及花費的金錢。**

## 沒有名醫的科

家醫科的任務很明確，就是處理很多常見的醫療問題。若一個家醫科醫師宣稱**什麼都會看**，或標榜**只會看某種病**，請小心一些；民眾也不必**「慕名」**到很遠的地方去看家庭醫學科醫師，因為它服務的範圍就是診所附近的民眾。

## 為什麼你很難找到社區家庭醫師診所？

因為**台灣醫學院教育很輕視開業醫**，所以大部分醫師受完教育，都留在醫院當「某大醫院××科主治醫師」，不然「很沒面子」。病人也愛看「院長」及「主任」，所以留在醫院的醫師也為這頭銜爭破頭。

醫學教育並沒有教醫學生如何經營管理診所，所以很多醫師受完住院醫師訓練後不敢開業，而且現在很多基層醫師真的生存困難。

## 一條牛剝三層皮的現行健保制度

**病患看愈多，健保給的診察費愈少**：前三十碗牛肉麵可以賣一百五十元，第三十一碗到第五十碗只能賣一百元，第五十一碗以上只能賣八十元，若偷工減料經民眾檢舉，馬上派人稽查！

**健保審查開立藥品與適應症不合，不予給付，而且「放大處罰」**：這碗牛肉麵多放一顆貢丸，表示之前的三十碗都多放，不但不給錢，另外再加罰三十顆貢丸的錢！

**總額預算與點值**：原來十斤牛肉預算可煮五十碗牛肉麵，但現在經費不變，要煮七十碗。若你堅持分量不變，只做出五十碗，抱歉，賣完你不能打烊休息，請繼續賠錢再賣二十碗！

## 一定虧損的期貨交易

如果小麥玉米半年後一定跌價，有人會現在買來囤積嗎？如果我告訴你某個行業每賺一塊錢只能拿到八毛錢，你願意做嗎？醫師在現行的健保制度下就是面臨這種點值的問題，而且，真的是八毛錢嗎？

## 政策要求民眾提高保費之困難

一般人不知道年輕時常看的感冒及腸胃炎其實藥價十分便宜，老年慢性用藥則費用十分驚人。醫療水平提高，以往會致死的高血壓、糖尿病、冠狀動脈心臟病、腦中風、腎臟衰竭的慢性病人死亡率大幅下降，所以在壽命增加同時，需要慢性病用藥及治療的民眾愈來愈多，而很多**慢性病用藥如降血脂、新型降血糖、降血壓及抗憂鬱劑用藥、癌**

**症末期化學治療用藥及洗腎（血液透析）等等，費用非常高昂**，而且老年人口增加，醫療支出會愈來愈多。

（慢性病患愈來愈多，除了飲食生活習慣及環境因素外，另外最重要的原因是醫學進步，**很多原本會較早死亡的病人都被現代醫療維持住生命**，所以新發生的病人加上壽命延長的病人使慢性病患愈來愈多。）

在現實社會環境中，明知費用上升，卻很難要求民眾提高保費。因為只要有人提出這種建議，一定會出現這樣的呼聲：先解決藥價黑洞、醫院Ａ錢、服務品質提升……等，而且一定不會有結果。才會出現經費受限的總額預算制度。看診量愈多點值愈少（愈多人吃蛋糕，蛋糕愈小）；診察費愈來愈少，醫師只好衝高門診人數，所以服務品質提升遙不可及。

## 基層診所看病的優點

**離家及工作地點近**：節省交通支出及時間浪費，對**老人就醫**特別方便。

**收費較低廉。**

**醫師診次多**：容易和醫師建立朋友關係。大醫院的醫師診次都很少，每一診的人都很多，而且掛號時間慢，等待時間長，看病時間短。

對於不熟悉的疾病，可請家庭醫師轉診到適當的醫院看適當的科別。

## 最常被誤解的科：精神科

精神科不是看**瘋子**的地方。

現代人因為情緒壓力造成失眠、緊張、心悸、情緒低落、頭昏、胸悶……等，各式各樣心理問題都需要靠精神科醫師來幫忙，不必害怕會被貼標籤。

**精神科＝身心科＝心理科**

後面兩個名詞是為了「安撫」某些病患所發明的。

## 最累的科：產科，二十四小時待命！

### 「誰知道什麼時候要生啊？」

生產是醫院唯一的喜事，有了產科醫師的專業知識，很多原本會危及母子的緊急狀況或先天疾病，都被產科醫師及新生兒加護專科所解決了。由於現在少子化及高齡產婦偏多，新生兒的健康問題愈來愈多，但父母對胎兒及新生兒的要求愈來愈高，只要有一點點閃失，就會出現醫療糾紛，所以有意願從事這高危險工作的醫師愈來愈少。

現在醫學院功課最好的學生，都會選擇低危險性、工時短、少值班及收入高的專科，這都拜醫療糾紛日益頻繁所致。為什麼他們要這樣選擇：因為功課好的醫學生當然頭腦最聰明，當然知道如何趨吉避凶。

軍人都知道，戰功彪炳的將軍往往記過也最多，從不犯錯的軍人多半是貪生怕死之輩！社會應該多給願意冒險搶救生命的外科系醫師鼓勵，若等在他們面前的都是刑罰與高額賠償金，有誰願意再為病危病人而努力？有哪個醫學生會再投入外科行列？因此，建立醫療糾紛保險制度刻不容緩！

## 小常識：忙碌的婦產科醫師

婦產科醫師門診開始一段時間後，門診燈號突然停滯不動。好奇的病人推門一看，醫師竟然神秘消失了……過了四十分鐘，醫師才滿頭大汗的出現，這是因為他的病人要生產了，只好跑去產房接生然後再跑回去看門診。

有一次我和一對婦產科醫師夫婦一起去國家劇院看話劇，看了二十分鐘，他的手機突然開始震動，他低頭看一下，接著跟我說抱歉，夫妻倆就消失在劇院後門，至終場結束前都沒有再出現……

# 第五章　看病的第一步：掛號

在診所掛號很簡單，到掛號櫃檯去，一進門就看到。

## 在醫院掛號很複雜嗎？

**掛號方法**：初診現場**排隊**掛號、醫師預約、電話及電腦預約。

**掛什麼科**：看診前，自己先找資料或詢問專業人士。不然，醫院的**志工服務台**可以幫你。若仍搞不清楚，先去看**家醫科**吧。

## 小常識：就診良機

基層醫師都有經驗，門診一開始時，病患較多，然後會有一段空檔時間病患變少，最後明明快到休診時間，又有一大堆掛號突然湧進，通常門診都會拖得很晚才結束，此時，醫師可能已十分疲倦或歸心似箭，醫療品質當然會大打折扣。

建議：看診盡量提早，不要擠在門診結束之前。

## 普通門診（初診）與特別門診（複診）

一般大醫院的下午門診，多半是特別門診，也就是說患者都是該醫師複診的病人，是醫師事前就預約進去的，不接受現場掛號。所以若你是**初診**病患要看某醫師，盡量在上午求診。

去醫院前，撥個電話或上網看一下再出門吧。

## 掛號時間

公家醫院多半在門診開始後約一、兩小時便停止掛號，因為調閱病歷及運送時間較長，所以不要太晚到醫院，以免好不容易請假看病卻掛不到號，白跑一趟，病痛也沒解決。基層診所則掛號時間可能較長，因為調閱病歷速度較醫院來得快。

# 初診與複診

## 初診

第一次就醫或診斷不明時應該掛初診。

初診多半處於醫病之間關係陌生、診斷不明、疾病療效不明及**病患焦慮的狀況**。所以初診醫師與病患的對談需要較長的時間。**一般民眾抱怨看診時間太短主要都發生在初診之時。**

門診因為很忙碌，所以每次看到**恐慌症或憂鬱症**病患來看初診，我都會很頭痛，因為沒有十五到三十分鐘的問診，根本解決不了問題。因此我個人都會和病人約法三章：**「今天給你特別優待，看了二十分鐘，我今天告訴你的每一件事都要記住，我以後沒空再說一次。你看看，為了你，後面已經大排長龍，所以下次我只給你三分鐘！」**其實病人都會欣然接受，因為每次醫師都講不清楚，看了十次也一樣。

## 複診

已就醫過，**為了看檢查結果或同一慢性疾病治療**，應該掛複診。但很多醫院大牌醫師一診難求，並不接受現場掛號。

複診病患明顯多於初診的原因是：複診多半是病人來看報告做最後確診，出院後追蹤病情或穩定的慢性病患規律拿藥，醫師和病患很熟悉，氣氛融洽，所以複診所費的時間較短，看診節奏很快。

## 教學診

教學醫院所特有，為了教育醫學生而設立的門診。一般來說是初診性質，門診有額度限制，可能一節門診只限掛至多十人。看診順序先由見習或實習醫師問診及做理學檢查，書寫病歷完成後，再由主治醫師接手，做最後診斷及處置，同時教育學生。

**若民眾不趕時間，初診可以考慮掛教學診，因為這可能是教學醫院門診唯一的淨土。**個性急躁，對菜鳥醫師有偏見者則敬謝不敏。

## 掛不到號怎麼辦？

下次請早！想想看，為什麼別人有張惠妹或S.H.E的簽名照，你就沒有？

**請醫師給加號單加掛**：多半會失敗，因為患者太多，醫師沒辦法在大約三小時內的門診時間看完所有病人。**醫師當爛好人後，其他的工作人員都無法下班休息。**

**請別科醫師開立照會單**：照會單的性質是**同院轉不同科別**。（無法當天看到診）

**請基層醫師開立轉診單**：轉診單的性質是轉到**不同醫療院所及科別**。（同樣無法當天看到診）

**最後一招，耍特權**：有特權的人大概不需要這本書，特別是隨便就可以打電話給醫院院長室、公關室及主任室的那些人。而且，這些人再怎麼被服務也不會滿意……

**小常識：「最高」門診**

VIP門診（當然名稱不會那麼「聳」，一定用非常「德高望重」的門診名稱）：當你位極人臣，或經濟實力雄厚，就會「芝麻開門」！

### 照會單的小祕密

和門診醫師很投緣的病人，有需要看別科時，醫師會很樂意為你開照會單，照會單的性質很像一封信。若看得懂英文，一定會看到照會單開頭寫：**某某教授（老師、大醫師）您好，……，我們很需要您的協助及繼續照顧，非常感謝！學生（××科醫師）某某敬上。**

這表示，你的轉診掛號幾乎不會有問題，因為醫師經常需要別科醫師的協助，大家很樂於接受別科醫師的請託。而且，被別科醫師推薦是一種專業上的被肯定。

**若你需要換醫師，而你的醫師說：「自己去掛號處掛掛看，不然自己打電話上網掛。」你就應該知道發生什麼事了……**

轉診單多半是制式的印刷單張，比較沒有這種人與人互動的趣味。

## 常出現在醫院掛號處的景象

民眾：「才差三分鐘就不准掛號，你們有沒有醫德啊？」

醫院掛號人員幫病人掛完號還有調病歷的工作，非常耗時，所以會限制掛號時間。不然，中午十二點該結束的門診為了等病歷可能又要耗半個小時左右的時間，而且還要看診，時間不斷延長下去，沒完沒了。

## 「醫師也需要尿尿、便便、吃飯、休息及下班好嗎？」

### 故事一

某天晚上九點八分，診所已經關上電腦，開始打掃工作，工作人員準備下班。

病患家屬：我想幫我老婆掛號，可不可以通融一下，等我們一下，**我們很急……**

掛號小姐：她哪裡不舒服，人呢？

家屬：她剛剛打電話給我，她還在**一〇一**逛街，大概**四十分鐘**後會到，**她只是要拿高血壓藥而已**。

掛號小姐：抱歉，我們醫師不答應掛號。

家屬：什麼爛診所，竟然可以不等病人……〇〇××。

### 故事二

某天晚上九點十八分，診所已經半關鐵捲門，只剩護士小姐要收拾環境。

一個媽媽帶女兒衝進來：快快快，我女兒在咳嗽，可不可以掛號？

護士：醫師下班很久了耶。

媽媽：我們坐計程車來的耶，**打電話叫醫師回來看診！**
護士：可是，醫師住很遠耶（很勉強地回答）。
媽媽：我不管，我今天就是要看到醫師！
護士：……

## 六分鐘護一生？

想想看，一節門診只有**三小時**；若醫師看三十個人，每個人只能看**六分鐘**；若看六十人，每個人只能看**三分鐘**；大牌名醫若看一百人，每個人剩**不到兩分鐘**……

所以，**看診前，先想好要和醫師說什麼？**

## 人多的門診不會有好醫師？

台灣特有景象：**患者和醫師互相折磨**。

我曾短暫在一家私立地區醫院工作，病人非常多，所以我被投訴好幾次：看病速度太慢（第一小時已經看了二十個病患，第三十六號的病人等到不耐煩就去投訴）、醫師問話速度太快、態度不好、沒有耐心……

浪漫主義者

若你認為一位醫師每次診察時間應該是三十分鐘才合理，這位醫師每三小時只能看六個人。也就是，只有六個人掛得到號。

若你認為診察時間應該是十五分鐘才合理，只有十二個人掛得到號。

若你認為診察時間應該是十分鐘才合理，只有十八個人掛得到號。

一位醫師一節門診若只能看十二個人，以現在的給付標準，早就被醫院掃地出門！

## 為什麼教學醫院的病患總是大排長龍？

醫師醫術高超（或名氣大）。

看病太自由，民眾未經轉診可自行掛號。

沒有限制門診人數，或人數上限訂得太高。

真實情況

很多名醫提供的門診時間實在少得可憐，往往一個星期才看兩節門診，就算每節各看八十到一百人，一星期也才服務一百六十到兩百名病患。

你覺得不起眼的附近基層診所，一上午可能只看三十人，但醫師可能一星期看十到十八節門診，看了三百到五百名病患，那到底誰是名醫？

基層醫師一點都不輕鬆，有經營壓力，常常延長服務時間，提供更多診次。每次看到附近小兒科鐵門上的門診時刻表，實在膽戰心驚：**星期一到六看診（以前還看星期天上午），只有星期天休息，上午門診時間由八點半看到十二點，下午三點開始看診到晚上十點，「中間不休息」**。

當然醫院主治醫師也不是不想提供更多門診時間，但過多會議、行政工作、研究及教學活動使醫院的醫師無法提供病患充足的時間及友善的服務品質。

**會議**：晨會、週會、科會、書報討論、院務會議、教學上課、醫院評鑑……

**行政工作**：看診、查房、手術、值班、為病患檢查（內視鏡、超音波、心導管……）、病歷撰寫、開診斷書、撰寫病歷摘要、健保申覆、研究室工作、升等考核……

# 第六章　如何與醫師對話

## 見到醫師的第一句話

除非是慢性病規則拿藥，或有特殊請託，否則第一句和醫師講的話應該是：「我**哪裡不舒服**已經**多久了！**」（症狀＋發病時間）

而不是：「我今天是感冒、我今天是腎臟痛、我今天是痛風……」

**醫師關心的是「症狀」！**

**診斷是醫師的事**，而不是病人的工作，很多人喜歡「自己當醫師」。

若是同一個症狀看第二位醫師，你可以提供前一位醫師的診斷給新的醫師做參考。

**病患先入為主的診斷會干擾醫師下正確判斷！**

**我們從小就應該教育下一代如何和醫師對話！**門診常常看到很多二十多歲年輕男性，竟然看個門診都要媽媽陪著，我問他哪裡不舒服，講得不清不楚，還要老媽幫忙回答，好像生病的人不是他。（誰家的女兒嫁給他應該很慘）

## 看病一定要向醫師說的事 Part I

**症狀：主觀感覺。**例如：頭痛、頭暈、噁心、腰痠、食欲不振……

**徵候：客觀發現。**例如：自己發現頸部腫塊、大腿皮膚紅斑、最近血壓升高、健檢發現有尿蛋白……

**疾病發作時間多久？**

**症狀出現順序！**

**每次不舒服時間持續多久？**

例如病人說：我七天前全身疲倦，三天前開始噁心食欲不振，昨天小便變成濃茶色，今天上午同事說我眼白變黃……。醫師很快就知道是急性肝膽疾病。

### 醫師問你某症狀多久了……

不要含糊其詞回答「很久了」。**很久到底是多久？**三天？一星期？三個月？半年？

十年？

**發病時間順序及長短是醫師邏輯思考非常重要的線索**，也是一個疾病重要性的參考，例如脖子上出現的腫塊已經七年了和才出現兩星期來比較，後者可能比較嚴重。

**含糊的陳述只會得到含糊的答案！**

## 舉例：民眾不太會描述的常見症狀

### 頭暈

天旋地轉加噁心嘔吐：**眩暈**（內耳或小腦疾病）

改變姿勢後眼前一黑：**昏厥**（貧血、低血壓、心律不整）

注意力不集中，頭重腳輕：**睡眠障礙**

肩頸太陽穴發脹：**肌肉痛、發燒**

### 頭痛

肩頸及太陽穴緊繃壓痛、腫脹感：**肌肉痛、緊張型頭痛、發燒**

規律搏動式頭痛，伴隨畏光及嘔吐：**偏頭痛**

不規則尖銳、針刺或火燒感疼痛：**神經痛**

**麻**

失去知覺？針刺感？火燒感？痛？感覺異常敏感？

**腹痛**

脹痛：**胃痛、便祕、脹氣**

絞痛（台語：滾絞痛），劇烈陣發性疼痛：**腸炎症狀**

# 看病一定要向醫師說的事 Part II

**藥物過敏史**：藥名是什麼？

**過去使用曾引起副作用的藥物**：藥名是什麼？

**過去病史**：住院、開刀、重大疾病。

**生活習慣**：抽菸、飲酒、嚼食檳榔、喝咖啡……

**慢性疾病及用藥**：現在正在服用的藥物，一定要告知醫師，以免重複開藥或產生藥物交互作用。

**家族病史**：評估家庭功能、遺傳疾病、生活習慣引起的疾病。

# 第七章　看門診時不要忽略的事

## 什麼是過敏？

**過敏為醫療糾紛之母；**
**醫病溝通態度不佳為醫療糾紛之父。**

服用或注射藥物後身體產生**癢疹、不規則劇癢紅斑（蕁麻疹、風疹塊）、眼皮紅腫併視力模糊、臉部或嘴唇紅腫、咽喉水腫而呼吸困難、劇咳、氣喘、低血壓或甚至休克！這叫做藥物過敏。**

藥物過敏一出現，應該立刻回原就醫處請醫師治療，另外**抄下藥名隨身攜帶！**

**過敏發生與否和體質有關，事先無法預測，醫師也無法事前知道！**

若有過敏史，提供醫師過敏藥物名稱是你的責任，否則害人害己！**你可能喪失了性命；醫師有了醫療糾紛。**

曾有藥物過敏史時，每次看診都要**主動大聲提醒醫師**：你對什麼藥物過敏！不要以為你和醫師已經很熟，醫師有時候太忙，真的會忽略到病歷的記載。

### 小故事：司空見慣

警察：請你描述一下歹徒的性別、年齡、身高、胖矮、長相、穿著。

民眾：我沒看清楚耶……

警察：那我怎麼抓人？

醫師：請你告訴我讓你過敏的藥的名字或為了治療什麼疾病的好嗎？

民眾：我不知道耶，怎麼辦？我好怕耶。

醫師：我比你更怕……

## 門診常見會引起過敏的藥品種類

盤尼西林類抗生素

磺胺劑抗生素

止痛退燒用非類固醇消炎藥（一般的止痛藥或退燒藥）

比林系藥品

## 和醫師一起找出過敏元兇

若吃藥出現過敏症狀怎麼辦？先回診治療過敏症狀，然後和醫師一起討論已服用的藥品中，什麼是可能引起過敏的藥物。首先，看看醫師所開的藥物是否以前都吃過，以前吃過沒事的藥，這次引起過敏的可能性就很低。其次，剩下的藥品中，就可能有引起過敏的藥做觀察，但可能不只一種。原則上，前面所提常引起過敏的藥品種類若在其中，可能性就較大；若不在其中，只好剩下的藥都當嫌疑犯，以後盡量不要吃。

**若是吃了很多次或很多天，才出現藥物過敏現象，或者發現這次吃的藥品以前都吃過，也不曾有事。就要懷疑過敏可能來自於食物或環境因素！**

最糟的兩個狀況是：

醫師說：「哪有可能，我們診所的藥怎麼會引起過敏？」（真的有這種醫師耶）

病人：「你們診所為什麼進這種會讓人家過敏的藥？」「就是你們的藥引起過敏的，你們要負責！」（直接擺出興師問罪的態度）

## 藥物副作用

**藥物副作用**：服藥後產生不適的症狀，包括藥物過敏。

**基層常用藥品副作用舉例如下：**

止痛藥：胃痛

治療流鼻水的第一代抗組織胺：**嗜睡**、口乾、視力模糊、排尿困難、心悸（所以**感冒藥中會引起嗜睡的是治療流鼻水的藥！**）

氣管擴張劑：手抖、心悸

抗生素：腹瀉、陰道黴菌感染

止吐藥：不自主運動

口服類固醇：胃痛、失眠、暴食、肥胖、高血壓、高血糖、免疫失調……

降血糖藥：飢餓、手抖、盜汗、昏迷……等低血糖症狀高血壓藥「鈣離子阻斷劑」：臉部熱潮紅、下肢水腫、頭痛……
高血壓藥「β阻斷劑」：氣喘、心搏過緩、男性勃起障礙……
高血壓藥「α阻斷劑」：姿態性低血壓引起昏厥
抗凝血或抗血小板製劑：出血傾向
口服抗黴菌藥、降膽固醇藥品、抗結核藥品、降尿酸藥：肝毒性
避孕藥或女性荷爾蒙補充劑：乳房脹痛、下肢水腫、噁心、體重增加

## 副作用的迷思

民眾一定要記住，藥物副作用並不一定會發生！副作用有其發生率，或在某一定劑量下才會出現。有副作用的藥品並不是代表一定不能使用，而是要考慮下列因素：

**藥品的療效是不是重要於副作用，因此可以忍受？**

例如癌症的化學治療藥品。

**雖然有副作用，但是藥品的價格是不是比較負擔得起的？**

新的進口藥雖然服用方便且副作用較少，但健保不給付，須自費購買；本土製老藥

雖有少許副作用，但保險有給付，而且各醫療院所都有提供。

**雖然有副作用，但取得容易或使用方便？**

某些老的胃藥雖然副作用多，但不必胃鏡檢查就可以取得。

**雖然有副作用，但用藥時間不會很長？**

例如類固醇的副作用很多，但在嚴重氣喘時，卻是救命良方，短期解決性命危機後，醫師就會停藥，不會有任何後遺症。

## 真的是藥物的副作用嗎？

**食物因素？**

因為食物也可能會引起不舒適的感覺，例如喝咖啡引起胃痛或吃海鮮引起過敏。

**疾病繼續進展？**

病患最喜歡在感冒時抱怨：本來沒吃藥沒咳嗽，愈吃愈咳。

**這是因為咳嗽多半出現在感冒後期，本來就是疾病病程的一部分。**

**另外一個疾病出現？**

例如感冒服藥五天後突然發高燒頭痛，可能因為出現新的感染，如中耳炎、尿道炎或肺炎等其他細菌感染。

## 你很愛打針嗎？

作用快，但副作用及過敏也快！

**急救、無法進食或使用無法由消化道吸收的藥物才需要打針！**

### 一針斃命的故事

**案例一**

七十一歲，住在鄉下生平第一次到衛生所接種××疫苗的健康林老太太，在施打後十五分鐘出現視力模糊、咽喉緊縮、呼吸困難等症狀，最後休克昏迷送醫不治死亡。

**案例二**

六十八歲葉老先生已經發燒、流鼻水及咽喉疼痛兩天。第三天下午突然頭部疼痛難忍，於是到附近診所就醫。醫師檢查後，發現患者有明顯發燒、喉嚨紅腫及氣管有痰等徵候，於是診斷為普通感冒。但老先生抱怨頭部疼痛，希望可以打針退燒止痛，於是醫師在開立口服感冒處方外，為病患靜脈注射一針常用的退燒解熱製劑。

老先生在回家後半小時，突然頭部疼痛更加嚴重，並且出現無法走路、嘔吐、胡言亂語等現象。家屬緊急送醫，醫院急診處經核磁共振腦部掃描檢查後，診斷老先生為出血性腦中風，接著因為出血量太大，經過緊急開刀，老先生仍不幸去世。老先生家屬在傷心之餘，控告診所醫師不當醫療，好好一個「小感冒」病人，可以自行走路至診所就醫，竟然打一針後就腦出血死亡。

## 案例三

五十歲微胖王經理平時熱愛運動，身體強壯，雖有輕微高血壓病史，但無身體不適，所以從未服藥治療。某日天氣十分寒冷，王經理在餐廳和同事吃晚餐並喝了些烈酒，用餐完畢步出餐廳後，即出現胃部悶痛及盜汗現象，於是在同事的建議下，到附近診所就醫。

醫師在診治後認為王經理可能是用餐後，因食物因素導致急性胃炎。王經理因為晚上還有重要業務要辦，於是要求醫師打針止胃痛。王經理上臂肌肉被注射一針胃腸抗痙攣劑後，坐在候診區等候口服藥，結果突然上腹悶痛加劇，突然昏迷倒地，醫師緊急施救並轉送到醫院急診，仍然不治。王太太接到噩耗，無法相信平日健康的王先生竟然在施打一針後喪命，堅持對診所醫師提出告訴。

## 解釋

第一例的情況為**過敏性休克**，但林太太從無藥物過敏病史，**所以施打疫苗前也無法預知。**過敏性休克若盡早送醫，在急救後有很大的機會可以完全恢復健康，而且不會留下任何後遺症。

第二例的情況是葉先生原本只是單純的感冒，但第三天頭痛發作時，其實是**腦部出血性中風的早期症狀！**但因為他同時有明顯發燒及感冒症狀，所以頭痛很合理可以用感冒來解釋。**在無神經症狀出現前，醫師很難察覺潛在的中風問題**，於是同意給病患止痛劑的注射。**針劑其實並非引起中風的原因，但明顯中風症狀（因出血量更大）發生在注射針劑之後**，病患家屬就會主觀認為是針劑引起中風！於是產生醫療糾紛。

第三例其實王經理罹患的是**急性心肌梗塞**，當梗塞區域出現在心臟下方，**悶痛位置和胃痛的部位很難區分！**當梗塞程度加劇，會立即產生嚴重心律不整，死亡率極高。王經理剛用完餐，且從無身體不適的病史，心肌梗塞的問題就會被醫師忽略而被當成急性胃炎。這個例子和第二個例子相似，**針劑本身並不會引起心肌梗塞，但死亡出現在注射之後！於是又被當成死亡元兇。**在本地民眾十分排拒法醫解剖驗屍的情況下，往往真相在初期無法大白，便上演一幕幕抬棺抗議的新聞。

**小常識：用針時機**

如無特殊必要，有經驗的醫師多半不會幫初次見面的病患打針！尤其是面對有慢性疾病或多重疾病的老人，存在有太多不確定因子。而且，基層診所的針劑多半健保並不給付，（理由很明確：病患既然可以口服藥品，自然沒有注射的必要。）在出現明顯副作用後，家屬的不滿可想而知：「多收了我的錢打針，反而病情更嚴重！」

**親身經歷**

若干年前，我只是台北縣某個小鄉鎮衛生所主任，也是該鄉鎮唯一的一位醫師。有一次，一個我很熟的中年太太來門診看病，她說她已經連續吐了兩天，飯都吃不下，上腹及胸口都很不舒服。我檢查了呼吸、心跳、血壓及胃腸蠕動後，判斷是急性胃炎，便開了止吐藥及制酸劑並教她一些飲食上的注意事項。病患因為兩天沒辦法進食，所以問我可不可以打止吐針？我欣然同意。在注射完止吐劑後，當天因為病患很少，還坐在診間和我聊天聊了十分鐘。

因為有新的病人掛號，她起身告辭，然後事情就發生了。她一站起來，立刻昏倒在地，完全不省人事，我立刻叫了護理人員進來幫我扶她到病床上，但叫不醒她，也量不到血壓，呼吸很急促很淺。我們接上氧氣鼻管後，繼續測脈搏及量血壓，可是仍然量不到血壓。我推敲判斷她有過敏性休克的可能性後（也可能是姿態性低血壓，因為她兩天沒辦法進食），為她施打了皮下腎上腺素，同時通知她的家人及救護車轉送醫院急救。在家屬到來之前，她的血壓已恢復正常，但仍意識不清。

家屬來到診間時，表情非常難看，抱怨為什麼打了一針人就昏迷不醒？還好平時大家都認識，當下並未爆發衝突。病患轉送到附近地區醫院急診後，呼吸心跳都很正常，到一小時之後才恢復意識。急診醫師也沒找到特別的原因，病患就出院回家了，一切如常。

三個月後，這個太太又回到門診來看感冒，頭上戴著帽子。她跟我說，上次急診後，她在家中又昏倒了好幾次，因此又回到醫院檢查，結果發現腦部有一個很大的良性瘤，神經科醫師說可能是腫瘤正壓迫其腦組織，所以產生癲癇或腦壓上升的症狀，不斷昏倒及嘔吐。她在兩個月前動了開腦手術，剛出院沒多久，才會一直戴著帽子。

我當時心想，若當天她昏迷之後不再甦醒，或者喪失了生命，我的醫師生涯可能就此結束，往後的收入大概都要去支付這筆龐大的賠償金！理由何在？**當病患死亡或重殘，家屬很難聽得進去你講的這些生病「大道理」**，因為他們只看到你打一針後病人就昏迷不醒或死亡，在真相大白之前，會有無限的抗爭不斷上演。後面會發生什麼事大家都很清楚了。

而且真相大白後，還會有很多「道義責任」。醫病關係其實很脆弱，醫師和病人互動良好只是因為病患都只有小小的毛病需要處理。**當出現重大疾病症狀時，就是蜜月期結束。**

前一陣子，和一位在美國執業、剛退休的醫師前輩聚餐，他感慨的說：「這一輩子都沒遇到醫療糾紛，實在非常幸運。之前有碰到幾個案子上過法庭，但法官都還了我清白。」

醫師的生涯，每過一天，我都很感謝老天的保佑。

## 若有很多健康問題想問醫師時怎麼辦？

**記住，你的時間有限！**

一、先自己決定疾病的重要性順序。

二、**先告訴醫師今天一定要解決的問題！**

三、有時間再告訴醫師次要的問題。

四、陳述病情要有條理而非倒垃圾！
五、**先講最近發生的症狀**，然後再講舊的症狀及罹患的慢性病。
六、下次看診再解決次要慢性問題。

## 倒垃圾式看病法

### 場景一：垃圾車來了

大家井然有序把分類後的垃圾放到回收車，把一小袋不能回收的垃圾放進垃圾車。突然出現一個傢伙，拿出一大袋又髒又臭的垃圾，把瓶罐、紙張、塑膠、廚餘、廁所沾有糞便的衛生紙，全部都放在一起。

辛苦的清潔隊員：「先生，你不可以把沒分類的垃圾倒進來！」

這位先生竟然說：「**我很忙、我很久才倒一次垃圾、我不會分類，你們是清潔隊員，你們不是拿了政府的薪水嗎？你們就有義務幫我分類！**」

### 場景二：醫院診間

患者：我頭好痛……

醫師：痛哪裡？一次多久？幾天了？

患者：我今天胃不舒服而且腹瀉……

醫師：好吧，會不會噁心？有絞痛嗎？

患者：我膝蓋也痠痠的……

醫師：一邊還是兩邊？我幫你看看。

患者：其實我爸爸因為中風而有痴呆現象，目前在你們這裡住院，這會不會遺傳啊？我小時候從樹上掉下來，和我腰痠有沒有關係啊？我香港腳好幾年了，可不可以開一下藥膏！最近看電腦眼睛也澀澀乾乾的……

醫師：……（額頭出現小丸子三條黑線）

患者：醫師，你好像很不耐煩唷～，你這樣很不尊重病人耶。**你不知道嗎，我是你們院長的好朋友，我外甥是你們外科主任，我先生是律師，我跟記者很熟唷……**

**在台灣和人發生糾紛時**，你就會感歎：「**為什麼人家都認識『黑道』**，我們都沒有……」

## 小故事：假如我是真的……

患者：我和你們院長很熟唷！

菜鳥醫師：真的啊，那今天您有什麼吩咐？

老鳥醫師：我也和院長很熟，我天天和他開會。請問你和院長怎麼認識的？

患者：我是他的病人啦……

最離譜的是，還有病人說：哇，剛好我也姓陳耶！咱是「親同」（同宗之意）喲。這樣也要攀關係，未免也太誇張了吧？

# 第八章　醫師眼中的奧客……

## 遲到

一來就想要看診（**一般遲到規矩是報到後，再等三個號碼**），很多人遲到就一團亂了。例如掛十八號的和七號病患都遲到，但十八號又比七號先報到，於是門診護士在看完二十六號病人時先叫十八號看診，愛遲到又個性急的七號病人就開始和護士理論，為什麼不是他先看？

遲到後，請和診間護士打聲招呼，乖乖等護士叫號。別把診間弄得烏煙瘴氣，惹毛了醫師，其他無辜的病患會跟著倒楣。

看門診時若看到號碼明明快到自己，突然又退回到前面，然後眼看下一號又是自己，然又退回去，請不要動怒，那因為是有一大堆遲到的病人。

## 插隊

病患通常覺得自己是最不舒服的，都想插隊先看。**問題是，別人也很不舒服啊！**

病患若覺得受不了，應該考慮掛急診！但我告訴你，**到急診還是要排隊**，而且可能人更多。

### 小常識：小提醒大須知

好心要懂規矩，若你是十三號，輪到你看病了，但你想讓二十七號看起來很痛苦的婆婆先看，抱歉，這位婆婆看完後，並不是輪到你！而是第十四號。你已經變成第二十七號了！因為你禮讓別人但不可以妨礙到別人的權益。

基層診所醫師可能會讓病人插隊的特殊情形：外傷大量出血、昏迷或急救。但發燒、嘔吐、腹瀉……等，則太常見了，並無立即生命危險，醫師不太可能讓你插隊。

若只是領慢性用藥，在醫師有空檔時，可告知醫師今天只須拿藥，可否優先處理？醫師多半會考慮先幫你完成開藥動作。但很多病人得了便宜還賣乖，拿處方簽時又想順便問幾個問題，這樣就和插隊沒兩樣！請輪到你的號碼再進來問。

若門診當天未曾就診，病患就從外部打電話要求醫師回答新發生的醫療問題，這也是插隊行為。此人沒掛號也沒付費，更不知何許人也，醫師沒有義務要回答問題。若患者前幾天曾就診，就同一疾病再度請教醫師診斷或用藥問題，醫師應很樂於回答。若非緊急狀況，則要體諒醫師仍在看診中，可能有空檔才能回電。

還有一種人也很奇怪，在路上碰到醫師就滔滔不絕地問起病情。說實在的，病患那麼多，醫師不一定記得你的病情、檢查數據或用藥。而且，休息時間醫師的角色只是路人甲，請不要干擾醫師私人作息。

另外，請不要向醫師要手機或家中電話號碼！醫師也是需要休息的，要了電話不斷去騷擾醫師詢問病情，實在令人很討厭。所有的醫療問題都應該在醫療院所解決，不要認為醫師二十四小時都有義務回答你的問題，每個人都有自己的生活空間，要彼此尊重。

如此你該知道那些常常打電話給公關室、院長或主任的人多令人討厭，還自以為神通廣大，可以得到關愛的眼神。

## 擅闖診間

醫師還在跟患者說話或正在做私密檢查，有人老大不客氣就開門大方闖入及大聲說話。

## 不聽醫師處置

病患：「我就是要吃什麼什麼藥、我就是要抽血驗尿酸、膽固醇……」

## 聊手機

看診時間已經很有限了，而且外面大排長龍，有些人竟然手機一響，就開始聊起天來，欲罷不能。

## 霸占診間

在沒有手機的年代，公共電話經常會大排長龍，但我們都有經驗，排隊的人愈多，講話的人就講得愈久，無視他人的存在。很多病患進入診間之後，即便你提醒他外面還有很多人在等待，他仍要把他手中那張A4紙上兩面的所有問題問完。其實，前面已講過，疾病有輕重緩急，當你一次要問十幾個問題，請問醫師能開多少種藥及檢查給你？
而且，醫師都希望患者是很聰明的，但總是事與願違，怎麼解說都聽不懂。

## 掛完號搞失蹤

所有病人都看完了，醫師護士都要下班了，這老兄掛完號竟然人間蒸發，廣播也叫不到人，等大家都下班了，病患又跑回門診大聲吵鬧，還說醫師沒看完病人竟然就下班了。

## 自抬身價要人另眼相看

一開口不說生病的情況，第一句話就是：「我是你院長的好朋友、我叔叔是立法委員、我是記者唷、我兒子是律師、我們家都是××幫的……」
醫師：又來了……（你今天到底看不看病啊？）

**不要以為態度惡劣別人就要對你另眼相待！「修為」很高的醫師可以不動聲色，但要惡整你還不簡單，只是做與不做而已。**

### 當然也有「白目」的病人……

病患A走進診間看到代班醫師就劈頭說：「**什麼，今天怎麼不是主任看診？**」

病患B走進診間就說：「**我本來是要看張教授的，因為掛不到，掛號小姐才把我掛來你這邊。**」

想像一下，某人打電話給妳說：「淑惠，因為怡君不想和我約會，所以我只好找妳看電影。」

唉，少說兩句會怎麼樣啊！

## 醫師喜歡的病人

**說話有條理，需求清楚。**

**聰明的病人**，很快抓住醫師講解的重點。

**醫囑服從性高**：按時服藥、會改變不良生活習慣、會規則回診並和醫師交換心得。

**得到同業的推薦**：醫師喜歡聽到患者說：「**我是在某醫師的推薦下來看你的！**」

# 第九章　什麼是好醫師？

電影《滿漢全席》（鍾鎮濤、張國榮及袁詠儀主演）中的一幕：鍾鎮濤重出江湖示範「灌湯黃魚」時，得到全香港飯店名廚列隊歡迎致敬。

**同理，一位醫師若受到同業的推崇，就是一位好醫師！**

## 一個好醫師必定是個好老師

如果一位醫師演講了一小時，而學生或聽眾聽不懂他在講什麼，**你就知道當他的病人有多痛苦！**因為在門診會談不到五分鐘，一定更聽不懂他在說什麼。

醫病交流時，醫師要盡量用病患聽得懂的**語言**、**術語及譬喻**和病患溝通，這些要靠醫師個人修為。

## 還是一個診斷高手

醫師從很少的症狀就可以正確診斷出疾病，並且有條理的幫病人分類急性及慢性健康問題。

我們都知道，所謂的**數理高手就是可以用最少的條件及提示解出正確答案的人**；需要愈多提示才能解題者，表示程度愈不好。所以若你發現醫師光靠問診及理學檢查就可以做出正確診斷，這就表示他的醫術非常高明！要靠一大堆血液、尿液及影像檢查才能做診斷者，其實並非程度很好的醫師。但民眾總覺得會幫你開一堆檢查的醫師才是認真的好醫師。

基層家庭醫師其實是擁有**「檢查武器」最少**的醫師，所以前面提到的醫師打獵笑話才會說，在不知道什麼鳥的情況下（沒望遠鏡＝沒特殊檢查工具），就要把鳥打下來。

## 不要相信這世界上只有一個人會看某一種病

現代社會資訊十分發達，很多醫師都有管道學到最新及最艱難的醫學檢查及治療技術，醫療技術已經很難被某些人所獨占。

當你再聽到只有某醫師才會做心臟手術、青光眼治療、骨髓移植……等，不必太相信。很多困難的疾病診療其實在當地醫學中心就可以解決，不必南北奔波。

若某醫師宣稱只有他會做某種治療，你反而要小心這種治療方法根本未受到醫界普遍的認同！甚至可能是個騙局，小心不要當了白老鼠。

甚至更誇張的是，很多民眾竟然每個月從南部千里迢迢坐火車來台北只是為了拿高血壓藥。因為他們堅信只有台北的醫院才有較好的藥。其實，慢性用藥就近在當地醫院或診所很容易取得，只要你拿藥單向醫療院所詢問，很快可以解決南北奔波的處境。

### 小常識：別被新聞報導給誤導了

很多新聞喜歡報導某家醫院發現了一個病患竟然肚子裡有一顆好大的瘤，又破了台灣紀錄，醫師很興奮地開記者會展示這顆怪物。其實，瘤愈大顆、結石愈大顆、畸形兒愈多，都是醫療落後的象徵，因為出現這些症候，表示病患延誤就醫或醫師沒能力早期診斷。

## 好醫師的處置方式

**問診**：醫師詳細詢問發病經過及過去病史等等。好的醫師光用問診技巧即可診斷出疾病，根本不必做一大堆檢查！

**理學檢查**：包括檢查生命跡象、視診、觸診、聽診、敲診、肛門指診及內診……等。

**醫師診斷**：醫師依照問診及檢查的結果做出**初步的診斷**，若仍有疑慮，則需要開立檢查或轉介其他醫師會診。

**開立處方**：開立檢查、藥物、醫師證明、預約單或轉診單。

## 問診

### 醫師功力的好壞就在問診技巧

好的醫師從患者口中的主訴很快可以歸納病患的疾病種類、相關性及重要性。詳細問診可以省去不少不必要的檢查，但在台灣，基本上醫師的問診品質是逐年下降。健保給付診察費太低，醫師總想多看病人，沒時間仔細問診。

醫師怕醫療糾紛，會開一堆**「防禦性檢查」**，彌補草率問診的缺失。

民眾個性多半很急，對於問診詳細的醫師反而覺得他不會看病；問診後，醫師竟然又不依照患者的意願開抽血檢查，懷疑自己白跑一趟！

### 小常識：兩種「防禦」

防禦性檢查：例如醫師因為不確定病患腹痛的原因，所以開立了腹部相關器官的所有抽血及影像的檢查，然後下次門診看報告說故事。

防禦性治療：例如醫師不確定你的小朋友的發燒到底有沒有細菌感染，在診斷不明的情況下先開抗生素；又怕家長擔心小朋友高燒不退，重複開了兩種退燒藥。

## 對於相關疾病的資訊不要隱瞞醫師

醫師得到的資訊愈多，診斷愈正確，特別是病人提供的生活資訊：

很多久咳不癒的時髦女性，其實是個大號菸槍。

很多胃痛纏身的高級主管，其實是咖啡中毒的雅痞。

很多情緒低落的中年婦女，其實是有家暴事件。

很多長年睡眠障礙的人，其實是債台高築。

乖巧的女兒，最近老是反覆感染膀胱炎，其實是剛交了小男朋友。

### 保密是最重要的醫德

**醫師幫病患保守祕密是相互信任的根源。**病患那麼相信醫師，才願意把私密的事情或病情告訴醫師，醫師有義務要幫病患保守所有相關疾病及生活上的隱私。**只要是從事醫療這一行，包括醫療人員及行政人員，都應該嚴格把守患者的醫療紀錄，非經病患本人同意，不得外洩或公告。這是最重要的職業道德，沒有什麼理由可以違背。**

醫院工作者，不可以在公共場所談論病患的病情，讓病歷紀錄外流，或上媒體毫無遮掩侃侃而談自己病患的故事當八卦題材。

攝影、談話、病歷、檢查報告都是重要的隱私權，非經病患同意不得錄製或外洩。

## 理學檢查

**檢查生命跡象：**測量體溫、血壓、脈搏及呼吸等等。

**視診：**例如醫師觀察病患扁桃腺有無分泌物、耳膜是否積水、眼白（鞏膜）是否泛黃……

**觸診：**例如醫師觸摸病患脖子為了解有無甲狀腺腫大或異常淋巴腺腫大；按壓小腿內側檢查是否有水腫現象。

**聽診：**用聽診器在胸部聽呼吸聲及心跳聲；在腹部聽腸蠕動音。

**敲診：**敲擊腹部檢查是否有腹水或脹氣；敲擊女性腰背部檢查是否有腎臟發炎現象。

**肛門指診：**醫師戴手套用手指插入患者肛門內，檢查肛門、直腸及男性攝護腺疾病。

**內診：醫師用手指或器械撐開陰道檢查陰道及子宮頸疾病，或同時用另一隻手按壓下腹尋找有無骨盆腔子宮、輸卵管及卵巢腫塊。**

### 關於內診

**若女性從來沒有性經驗，煩請在看婦產科門診時，主動告知醫師！**不論醫師是男是女、不論妳的年齡大小。因為醫師為無性經驗女性施行內診時，手指、窺陰器（俗稱「鴨嘴」）或陰道超音波探頭都可能會將處女膜弄破或撕裂。

**女性其實有兩種想法，都對：**

「身為女性，沒有必要為男性保留那塊沒用的小組織，自己的健康最重要。」

「身為女性，我有權利保留我身上的任何組織，若有可能會破壞或喪失，我需要事前被告知及有機會自我決定，我不在意他人眼光。」

很多女性第一次內診及上產科檢查檯都會有恐懼症，不但要讓陌生人檢查私處，還有冷冰冰的器械伸入體內，及忍受門診鬧哄哄的環境。但我們的教育還停留在性知識傳授而已，**實際上教育青春期少女有關看婦產科門診的知識及醫師可能的檢查程序是非常重要的一件事**。事前知道了所有步驟，就不會因害怕害羞而產生不愉快的感覺，畢竟婦科檢查的目的在維持妳的健康。當然醫院也要加強女性看診時的舒適程度及隱私權。

常常看到一些教育程度很高的女性竟然還會相信神棍、密醫、氣功大師及不肖醫師的「性治療」，真不知道是頭腦不好還是我們的教育出了問題。

# 醫師的手有比較靈巧嗎？

**記住一件事，絕大部分的腫瘤都是病患自己找到的！**有時候就算請醫師幫你觸診，他也不見得摸得出來！這就是對專家的迷思。

另外，醫師不可能憑手指頭觸診就可以告訴你脖子上或乳房上的腫瘤是良性或惡性。民眾不需要聽到醫師推論可能是良性惡性就放心或恐慌，一定還要藉由**影像檢查或病理切片才能做最後診斷**。

# 第十章　好病人須知

## 看病時應注意服裝

以寬鬆服裝為主，最好是兩截式，上衣加上褲子。

你可不可以想像穿五件衣服如何捲起袖子量血壓？

你可不可以想像穿緊身連身衣裙的小姐如何檢查肚子？醫師只想檢查肚子，但是穿這種服裝要把裙子拉起來，露出底褲，才看得到肚子，實在非常尷尬。

另外，讓醫師看腳時，麻煩先洗乾淨，**這是很卑微的請求。**

報紙很愛報導醫師的白袍有多少細菌，但其實患者衣服髒到發出臭味及充滿尿味，小孩上衣胸口都是食物殘渣，滿臉都是黑色結塊鼻涕，實在司空見慣。醫師及護理人員多半訓練有素，都會默默承受。

## 醫師在聽診時，請不要把氣呼在醫師臉上

**第一，味道可能不太好。**

第二，下次回診時，你發現你的醫師已經分享到你的病毒，正在咳嗽。而且你還會問這個白目問題：**「咦，原來醫師也會生病啊？」**

## 老人看病的注意事項

老人就醫常遇到的問題：

進入大型醫院發現掛號、就診、領藥和檢查過程繁複及**不容易找到正確地點**。

不容易聽懂醫師的建議及服藥方法。（老人常常疾病多，檢查項目多，藥物項目也多，但記憶力剩下不多。）

醫師宣布重大醫療問題（如罹患癌症或需要手術），無法承受壓力及自行做決定。

經濟力不足。老人是經濟弱勢，不太可能身上帶有鉅款，可能因付費問題又耽誤到檢查及治療。

容易因追求速效而受騙，接受了不正當的治療方法！

記住，醫院是開放空間，騙子竊賊多到無法想像，特別是在人潮洶湧的門診候診區及急診處，很多老人會受騙上當。**另外，有時候，醫師也有良莠不齊的。**

**結論：盡量到附近診所看病或由家屬陪伴。**

## 婦女看病注意事項

**經期相關資訊應該牢記**，例如月經週期、規律性、每次月經來潮天數、上一次月經來潮日期、經痛有無、出血量、有無性經驗、生產懷孕及手術紀錄……，這些都是很重要的資訊。不要一問三不知，**因為全世界只有妳自己知道。**

婦科疾病往往需要超音波檢查（要**脹尿**）或尿道炎需要驗尿，所以快輪到自己看診時，先不要上廁所，免得又要浪費時間等脹尿。

少女常有**性行為方面的問題**，但家屬在旁邊時，可能醫師無法順利問出重要關鍵；必要時，在醫師的暗示下家長應該先迴避。

### 醫療人員碰觸女性病患身體的分際

經常需要觸診病患私密處的科別：心臟科、胸腔科、乳房外科、直肛外科、皮膚科、婦產科、泌尿科。

常見需要脫去上衣或底褲的檢查項目：心電圖、乳房觸診、超音波（乳房、心臟、陰道）、大腸鏡肛門指診及內診。

當特殊檢查需要與男性醫師或檢驗人員獨處時，男性醫師及檢驗員必須事先告知檢查的環境，及說明檢查的方法。

所以男性醫療人員需要做私密處檢查時，有下列方法解決：

**要有家人朋友作陪，**

**或者要有女性醫護人員跟診。**

**訓練有素的醫師多半會主動請護理人員跟診**，否則寧可暫不做檢查。檢查過程若有任何疑問，應當場要求停止檢查或更換女性醫療人員。

## 幼兒看病注意事項

幼兒多半怕打針，所以不必要為了速效而要求醫師打針，也**不要常用打針來恐嚇幼兒**，造成幼童恐懼醫療人員及醫療院所的後遺症。

幼兒開藥的最重要依據在「體重」，所以請牢記小朋友的體重或進入診間前先量體重，可省去醫師開藥時的不便，縮短看診時間。

並不是所有的藥品都有糖漿製劑，所以當幼童仍不會吞藥，藥品需要磨粉時，請事先告知醫師。

塞劑的使用也非常重要，特別在高燒或劇烈嘔吐時，肛門塞劑就相當重要，家長應該請教醫護人員正確的使用方法。

我必須說，**很多現代父母非常之「懶」**，連學習的欲望都沒有。你每次開的塞劑，他們回家後就不會再使用。下一次高燒時，會向你陳述各種不用的理由，最後還是要請醫護人員代勞。糞尿的檢體也不願蒐集，已經給了容器，最後還是拿了整個充滿大便的尿布要醫護人員代為採取檢體。我常在想，**這到底是誰家的小孩？**

## 十字追魂鎖

看喉嚨及耳朵是幼兒看診最困難的事項，所以家長一定要學習**「十字追魂鎖」**（哈，我隨便亂取的名字），來固定小孩的頭部及雙手。

一手環抱胸前控制小朋友的雙手，一手控制前額，如此一來，醫師很容易可以看小朋友的耳朵及喉嚨。

如果不會這一招，下面這個可愛的小朋友在醫師叫她張嘴時會變成狂暴的小野獸！

因為很多家長學藝不精，我們常常被小朋友施以**「奪命連環腿」**，喉嚨沒看到，就被小朋友踢得滿頭包。最後好不容易看到喉嚨，小朋友再使出一招**「祥龍吐珠」**，把他剛剛喝的奶全部吐出來。我們醫師多半訓練有素，從十次躲開一次，訓練到後來一年才被噴到一次。

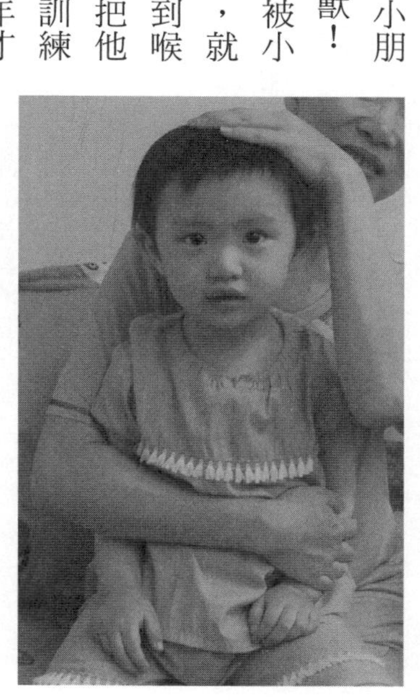

**「咳、咳，嗯……蜜絲楊，該進來拖地板了。」**

## 新手爸媽症候群

**背景**：晚婚、高知識水平、完美主義、強迫性格、家中只有**「一個照書養的小朋友」**。

**症狀特點**：每次看診要把小朋友每一個看不順眼的地方都問一下醫師，包括：頭髮好像太少、鼻頭有兩顆痱子、身高不夠高（明明自己也不高）、懷疑可能有扁平足（又竊喜以後不用當兵）、吃得比隔壁小胖少、明明在吃葉黃素視力還怪怪的（小孩一直盯著手上的PS2掌上電子遊戲）、貴族幼稚園這次考試沒有考第一名（但經常說他四歲的小孩已經開始讀英文版《哈利波特》）、畫圖為什麼只喜歡用黑色（又覺得像他自己，很有藝術天分）、晚上睡覺喉嚨有聲音……

面對自認遺傳基因很好，小孩不可能有過動症與自閉症，也不可能有氣喘或過敏的家長，一講到他的小朋友有這些毛病，立刻會翻臉。若你講的診斷和他想的不同，他就會說我早已經查到什麼什麼資料，應該開什麼檢查，治療方法他早就知道。

不准醫師開止痛退燒藥、抗生素及類固醇，即使是肺炎或氣喘，因為**「會傷到免疫系統」；要醫師「保證」藥品一定沒副作用，否則不吃**；認為他買的健康食品及補品比較有用；不管醫師說什麼，他的口頭禪都是：**「你說的是真的嗎？」**

醫師對這種症候群治療方法的建議：**再生第二個小孩就會恢復正常。**

## 請好好保留疫苗紀錄黃卡

如果你的小孩可能有機會**出國念書或參加夏令營活動**，請你一定要記住：小孩以前的疫苗注射紀錄非常重要，請仔細保存，或複製幾份留存。

因為很多國家入學都需要完整疫苗紀錄表，若你搞丟了，醫師根本無法再出具證明給你，你只好回想以前施打的地點一一調閱紀錄，或者需要抽血檢查有無抗體，或者很多疫苗需要重新施打。所以請好好保存小朋友的疫苗紀錄卡！

## 小常識：小孩自己會「轉大人」

小孩進了幼稚園開始過團體生活以後，猶如進入一個「大毒窟」，各式各樣的小兒科感染性疾病幾乎都有發生一次以上的機會，發燒、感冒及腹瀉等等更是家常便飯。隨著免疫力增強及接觸各種食物環境因子，過敏性鼻炎、氣喘及異位性皮膚炎也是很常見的。

很多家長都忙著找尋各式各樣的補品來「改善體質」或「增強免疫」，把醫師的治療方法都當成洪水猛獸，當小朋友開始唸國小時，家長才發現小朋友已經不太會感冒、很少拉肚子、異位性皮膚炎也好了，就很沾沾自喜，到處傳授別人自己的獨門祕方。其實，根本就是小孩長大後體質改變，以及已經接觸過很多病毒並產生了抗體，因此抵抗力增強，所以已經很少生病。

「時間」其實才是背後的功臣，並不是那些亂七八糟的補品。小貓小狗都會自己長大，每個小孩都也都會「轉大人」，家長不必過於操心。

## 小故事：小兒科門診常見的對話

乾咳一個月小朋友的家長甲：「我只是帶來給你看看，我不想讓我的小孩吃藥。」

醫師：「你以為來聊聊天，你的小朋友氣喘就會好嗎？」

鏈球菌扁桃腺炎發高燒十天小朋友的家長乙：「我正在找一家不會開抗生素的診所。」

醫師：「如果你帶來一個沒有細菌感染的小朋友，我就是一個不開抗生素的醫師。」

醫師：「小朋友高燒不退，耳膜紅腫還有積水，這次得的是中耳炎，我這次會開抗生素，麻煩請讓他按時服藥，而且要吃完整個療程。」

家長丙：抗生素？吃了會怎樣？

醫師：吃了病就會好，不會怎樣！你為什麼不問我不吃會怎樣？你們只關心副作用，對藥物作用漠不關心！

# 第十一章　沒有正確診斷就沒有正確治療！

**沒有正確診斷就沒有正確治療！這是邏輯問題。**

所以診斷是醫療行為最重要的一件事，有診斷才能決定下一步的檢查、治療及推斷預後（疾病往好的或往壞的方向發展）。

門診時我常問患者，到底前一位醫師的診斷是什麼？患者多半會說：「我不知道耶，醫師沒說？醫師說沒關係？」

**這可能是患者根本聽不懂，或醫師含糊其辭。**

**看病過程最重要的一件事就是：「醫師，請問我今天的診斷是什麼？」**

很多專家很好心的提醒病患遇到醫師要問五大問題、七大要件、十三項重點，如果你是特殊人物可以花大錢看「VIP門診」，那就用力問吧；如果你只是個一般老百姓，只有三到六分鐘可以護一生，記住，就是一定要問醫師：「我今天的診斷是什麼？」

**醫師診斷對了，處置錯誤的機會就很低！**

而病患就醫最重要的工作就是協助醫師做出正確診斷。

**若醫師連診斷都說不出來，又不幫你轉診，下次不必再去看他，該換醫師了！**

## 診斷過程中會發生的一些事

### 我喜歡當第二個醫師

大家都考過四選一的選擇題，當ACD都不是時，答案就是B。

當第二位醫師比較有機會做出正確診斷，因為我已知道前一位醫師的診斷及治療方法無效。而且，還有下列優勢：

一、疾病發生愈久，我當然可以**看到更多的症狀**，診斷更正確。

二、而且，這個病**本來就快好了**。

例如小朋友單純只是病毒引起的感冒，被焦慮症的媽媽帶去看過三個不同醫師，到我手上已經第七天，我幾乎什麼事都不用做病就好了。**房子都快燒完了時，消防隊就沒那麼重要了，撒泡尿就熄了。**

當我發現前一位醫師診斷完全無誤，我都會告訴病人，前一位醫師很厲害，你才出現沒幾個症狀他就知道發生什麼事了，是**因為你太緊張，藥還沒吃完就急著換醫師！**

就算看不好，壓力也不大，**因為我只是第二個看不好這個病的醫師……**

同理，為什麼大醫院的醫師好像很厲害？除了本身學有專長外，醫院的醫師占有：第二位醫師的優勢。

**有重裝備**，血液、尿液、糞便、影像檢查一應俱全。

**有各科醫師可以會診**，當然占盡診斷的優勢。

最後，若醫院的醫師還是診斷不出來，他還可以說：「**連我們這裡都診斷不出來，你去到哪裡都一樣。**」

## 未經轉診直接看醫院專科醫師的缺點

專科醫師只熟悉自己領域的疾病，所以會先做很多相關的檢查，最後找不到疾病才又轉診，浪費了時間金錢。舉例來說：

胸痛直接去看心臟科，往往一直在做心臟專科的檢查而忽略了可能是食道的疾病。

呼吸困難直接看胸腔科，結果可能是恐慌症。

脖子僵硬卻一直在治療血壓，結果根本是頸椎或肩頸肌肉的問題。

頭暈是失眠所引起，卻一直在治療不太高的血脂肪。

## 小故事：對症下藥

民眾考慮自行購買成藥的前提就是有沒有能力自我診斷。通常，比較有機會診斷正確的是病毒性感冒、胃炎、腸炎、昆蟲咬傷等等。若診斷錯誤，下場就很慘。

若自己需要急用的藥，我都會跑到台北市衡陽路那一帶的藥局去購買。有一次，看見一個顧客在描述他的腳趾頭縫如何脫皮劇癢，然後抱怨上次的藥膏無效，我偷瞄了一眼，他上次用的是一條中效型的類固醇軟膏。結果店員拿出另一條藥膏給他，說這次一定有效。我再一看，是一條更強效的類固醇軟膏。我心想，這下子可慘了。

我付完帳，正義感突然上來，就等在藥局外面。那位買藥膏的先生出來後，我堵住他然後跟他說：「先生，我是一位醫師，我剛剛聽你的描述覺得你腳上的問題是黴菌感染，如果用類固醇軟膏，病情會繼續惡化，因為那是擦濕疹的。你可以再進去買一條抗黴菌的軟膏或直接說你要買香港腳專用的軟膏就可以。」然後我就放心的離開了。

## 重大疾病的宣布

前面說過，我們一輩子就醫的經驗多半是因為小的急性疾病或不會有立即生命危險的慢性病。但，總有一天，會出現令人震驚的診斷：例如性病、癌症、器官衰竭（末期腎病、肝硬化、心臟衰竭）、重大急性傷害……等。聽到這些疾病診斷時，病患多半會出現震驚、尷尬、憤怒、否認等情況，最後會出現極大的焦慮，最後陷入情緒低落。

當醫師要宣布這些這些診斷時，多半壓力也非常大，所以經常會用比較委婉的方式陳述：「檢查結果『可能』是××，但可能還要再進一步檢查及重複確認。」

其實很多家屬病患此時的情緒可能都陷在：「為什麼是我？為什麼我會得到這個病？我以後會怎麼樣？」但，遇到重大疾病診斷時，**一定不要忘了做二度確認，並且應該再找尋其他專家詢問意見**，不要匆忙就下決定。

若是重大疾病，例如腹膜炎、腦部挫傷、胸腔出血、心肌梗塞、中風……等，**有立即生命危險，選擇聽從醫師的忠告可能是最保險的方法。**

## 牢記診斷名稱

**當醫師告訴你診斷，請花些心思記憶或抄下來，或請醫師寫給你。**只記一個模糊的名稱，後來就會吃很多苦頭。

例如你今天出現感冒加輕微氣喘，問醫師說：「我有心臟病耶，可不可以和今天的藥一起吃？」醫師問你哪一種心臟病，你也答不出來，就會非常麻煩。因為心臟不好，可能是焦慮症、心律不整、狹心症、瓣膜疾病、心室中膈缺損、心臟衰竭……等，狀況輕重都不同。

同理，什麼叫做胃腸不好？到底是腸還是胃？什麼是肝不好？肥胖的脂肪肝？酒精性肝炎？B、C型肝炎？肝臟水泡？肝硬化？什麼是腎不好？腎盂腎炎？腎病症候群？腎結石？腎絲球腎炎？腎衰竭？

## 門診常見很不精確的診斷

**有時候病患搞不清楚診斷的問題來自於醫師及奇怪的來源。**因為，實際上門診的時間非常短暫，所以**很多診斷事實上根本就是混水摸魚。**

### 自律神經失調

病患出現心悸、胸悶、頭暈、盜汗、失眠、緊張、胃痛、腹瀉……等症狀，背後潛在的可能原因有：工作壓力大造成的焦慮症、恐慌症、過度使用含咖啡因及酒精飲料、甲狀腺疾病、女性停經症候群……等，但往往容易被很簡單的一句「自律神經失調」帶過，連開的都是治療「腦神經衰弱」的藥品。

### 慢性疲乏症候群

每天很累的上班族，沒有時間休息、運動、正常三餐及足夠睡眠，事實上疲倦來自於過度工作，也根本沒有肝病、腎病、貧血、甲狀腺低下……等身體問題，當然沒有辦法靠身體檢查發現任何異常，最後醫師會說因為你符合哪些要件，所以你得了「慢性疲乏症候群」！**這種診斷有跟沒有一樣，根本也沒有治療方法，只是貼標籤而已。**

### 骨膜發炎

關節肌肉痠痛、急性肌腱扭傷、韌帶撕裂傷……等運動傷害，**很多民俗療法中心，千篇一律診斷為「骨膜發炎」**，然後在受傷的急性期，就開始推拿起來，愈推愈慘。

### 大腸激躁症

（簡稱：腸躁症，媒體還常常自己改成**「大腸躁鬱症」**）

很多時候常腹痛、腹瀉及便祕交替出現的患者，醫師在未充分排除可能病因如焦慮症、乳糖不耐症、食物過敏、發炎性大腸炎、大腸腫瘤……等之前，便輕易下診斷，然後開始進行一堆奇怪的療法。

大腸不會愛講話或失眠，不會逛街亂花錢、也不會傷心掉淚或鬧自殺，所以沒有一個病叫**「大腸躁鬱症」**！

## 最混的診斷：「你的體質不好」

醫師：「因為天生體質不好，所以怎麼治都沒用，認命吧。」

這真是混到最高點。

**這些都是不認真的醫師愛用的診斷名詞！因為根本不用心去找患者真正的病因。**

## 誤診

任何診斷方法及診斷工具都可能有偏差，所以誤診的可能性永遠是存在的！

**儀器會有偏差，醫師也有七情六欲、認真程度的不同及認知的盲點。疾病是動態的**，早期症狀少而不明顯，醫師（特別是基層診所的醫師）本來就很難用有限的資訊做診斷。

很多疾病要經過**時間等待或特殊儀器**才能現出原形，這就是為什麼診斷不明時需要很多的檢查或隔一段時間再追蹤的原因。

撇開精神科疾病不談，絕大部分的疾病多半會有一個明確的致病病因、位置及症狀，例如胃潰瘍、扁桃腺炎、糖尿病……等。

但有些時候，很多病患出現一些很類似的症狀，卻無法找到明確的致病原因，因此專家只好把出現一些類似症狀的不明疾病，用症候群來命名。病患若符合某些症狀及徵候的要件，就可以被歸類在某個症候群的診斷，例如代謝症候群、慢性疲乏症候群、大腸激躁症候群、WPW症候群、Stevens-Johnson症候群……等，所以有些症候群常被醫師稱為「垃圾桶診斷」，因為不知道是什麼病，只好暫時歸類到一個症候群裡，治療當然十分棘手，往往只能做症狀治療。醫師還是要盡可能努力幫病患找到真正病因才有辦法對症下藥。

例如病患出現高燒、頭痛及肌肉痛，代表的情況可能非常複雜：加上流鼻水咳嗽可能是普通感冒、同時出現胃痛時可能是流行性感冒、出現口腔潰瘍可能是腸病毒、出現全身紅斑可能是登革熱、出現意識不清可能是腦膜炎！

所以，謹慎的醫師在下診斷時會加上但書，盡量不犯下錯誤：

眩暈症，不排除小腦缺血性中風；

不明熱，不排除登革熱或恙蟲病感染；

急性扁桃腺炎，不排除感染性單核球症；

急性腸炎，不排除赤痢或潰瘍性大腸炎。

**為什麼本書不斷教大家如何和醫師對話，最重要的目的就是要避免醫師誤診而做出錯誤的決定！看診的最重要目的就是協助醫師找到正確的診斷。**

## 醫師每天都要「跑檯」

**醫療常常有急迫性**，很多問題當下就要做決定，成功了是英雄，失敗了是狗熊。很多情況下我們允許**醫師可以「慢慢」看病嗎**？昏迷的少年、因家暴而頭部重創的小朋友、呼吸困難的先生、搞不清楚的SARS……

比如那些司法案件，難道可以慢慢蒐集資料、慢慢約談、慢慢起訴、慢慢審判、慢慢宣判嗎？沒人喜歡遲來的正義、喜歡來不及治療，等到死亡後解剖才知道死因。

**醫療都是「急診科」；有些司法案件卻常常是「病理科」**。

誰不知道需要謹慎？但給不給醫師足夠的時間！若大家都想給醫師多一些時間用來診斷，就要思考前面所提看診結構性的問題。

## 什麼叫「預後」？

**預後就是代表該疾病未來復元的趨勢。**

預後良好：感冒、尿道炎、香港腳、子宮頸原位癌……

預後不佳：心肌梗塞併肺水腫、抗藥性鏈球菌腦膜炎、胰臟癌、肝硬化併肝昏迷……

為什麼正確診斷十分重要？因為有了診斷後，若是預後良好的疾病，病患及家屬就不用再焦慮；預後不好的疾病，病患及家屬就要做好是否接受重大治療（手術、化療、電療、器官移植、心肺復甦術……）的價值取捨、心理的調適及為患者可能離開人世而準備。

## 病人在哪裡？

我們已經知道診斷如此不容易，那病患家屬掛了號而病患並未出現在診間親自就診，醫師如何做出診斷？怎麼治療？

**醫師法第十一條：「醫師非親自診察，不得施行治療、開給方劑或交付診斷書。」**

常常看到可憐的太太或媽媽，到門診幫老公或女兒掛完號，然後進來幫他們向醫師陳述病情。我第一句話一定說：「怎麼變成女生？」或「奇怪，妳不是才十五歲嗎？」然後這個可憐的太太或媽媽，就會很不好意思的說，老公很忙或女兒要考試之類的話。然後就開始描述他們的病情，但多半都講得很不清楚，最後還要撥手機進行連線。為了不要害醫師觸法，麻煩請那些大忙人或大懶人隱形病患自己來就診吧。

即便是慢性病，血壓、血脂肪或血糖都需要長期監測，所以還是需要定時給醫師評估，並不是一直拿同樣的藥品就可以撐一輩子不變，這樣可能會忽略到身體的變化。特別是高血壓、高血脂根本沒有症狀，病患無從得知惡化與否。若真的很穩定，可以請醫師開立**「慢性病連續處方簽」**減少來回奔波就醫的辛苦。

除了法律規定及診斷的理由，另外醫師很擔心有些人冒用他人名義想要**「領取管制藥品」**從事不法行為。

除了大忙人或懶人隱形病患外，還有一種也很困擾的情況就是**「長期臥床病人」（例如中風癱瘓、植物人）**。

**全民健康保險醫療辦法第十條：**……但須長期服藥之慢性病人，有下列特殊情況之一而無法親自就醫者，**以繼續領取相同方劑為限**，得委請他人向醫師陳述病情：

一、因長期臥床，行動不便。

二、已出海為遠洋漁業作業，並有相關證明文件。

就算取得藥品，病患一樣需要再被評估，沒有人一輩子狀況都一樣。另外，對於出院的臥床病患，其照顧政策在哪裡？我當過最基層衛生單位主管，大部分這些可憐的病人，最後只有靠**鄰國的「瑪麗亞」**、**基層的公衛護士及衛生所醫師**來照顧，完全被社會遺忘。

## 病人行動不便時，醫師願意出診嗎？

**門診時間病患眾多**，醫師根本很難放下手邊病患而出診。出診會耗費醫療人員很多**時間與交通費支出**，**誰要支付這筆費用？**對醫師來說，出診有**成本效益的考量及自身安全考量**。

## ♥作者小感想：老病人與新醫師

事實上更換新醫師的情況會經常遇到，例如臨時就醫而當天沒有原來醫師的門診、原來的醫師退休或離職、醫師暫時出國開會、醫師一不小心駕鶴西歸，比你早掛了。

很多老病患換了醫師後，常常不願意聽新的意見，而且還會「指導」醫師用藥：「以前孫教授都調得好好的，我要吃一天三次那種，別把我改成這種一天一次的新藥；他以前都會幫我加做這些檢查，你為什麼不開？這個狀況我很有經驗，開那種一頭綠色一頭白色的膠囊就可以了，吃三顆就好了。」

但是，用很久的方法不見得是最好的！科學日新月異，很多新的藥物服用方法愈來愈簡單，而且副作用愈少。

另一種人是醫師不論問他今天需要什麼，他只會說：「你不會自己看病歷哦！」

醫師：「是嗎，你的病歷有一百多頁，你要我看哪一頁？」

患者簡單扼要地告訴醫師以前的診斷及用藥，新接手的醫師就可以很快掌握及處理病情。

# 第十二章 「檢查」項目的祕密

## 醫師開立檢查項目

**實驗室檢查：**抽血、驗尿、糞便或痰、細菌培養、心電圖、呼吸功能……等。

**影像檢查：**X光、超音波、電腦斷層（CT）、核醫、核磁共振（MRI）、正子造影（PET）……等。

**侵入性檢查：**內科式內視鏡（例如胃鏡、大腸鏡）、外科式內視鏡（例如腹腔鏡、關節鏡）、心導管。

**病理切片檢查。**

## 醫師開立檢查的原則

### 和疾病或症狀相關

舉例來說，若患者有**解黑便現象**，醫師可能會開立胃鏡、糞便潛血、全血球計數、凝血因子等檢查；若你是**糖尿病患**，醫師可能會開立飯前飯後血糖、醣化血色素、腎功能、血脂肪、尿液檢查；若你是**B型肝炎帶原者**，醫師可能會開立肝發炎指標、阿爾發胎兒蛋白，及腹部超音波檢查；若因為辦公室老王得**大腸癌**，你很擔心自己也有，但實在沒有任何症狀，所以掛號要求檢查大腸鏡……可以，但請自費。

### 保險給付或自費

除了健兒門診、孕婦產檢、成人健檢、子宮頸抹片及乳癌篩檢（規定經常改變）以外，**無症狀要求檢查時，健保並不給付。健保的服務並不包括「全身健康檢查」**！醫師只能根據和病患相關的症狀及疾病做檢查。

你若願意自行付費，就什麼都可以檢查。

想想看，若沒有健保，會有多少民眾經常要求醫師「順便」開一堆不吃的藥及做許多無用的檢查？過於輕易得到的東西，民眾往往不懂得珍惜！

## 若醫師要求病人做和疾病無關的檢查

醫院的醫師若有特殊研究及試驗需要採取民眾身上的檢體，**都需要得到病患的同意授權才能施行**。一般來說，門診病患抽血多半在實驗診斷科抽血處進行；住院病人就在病床上進行。

以前有醫師為了進行研究，在病患接受抽血檢查時，就「便宜行事」順便多抽一些血供自己研究，其實這是不合醫學倫理的行為。

雖然民眾很難知道抽血量多少是合理的，但若抽血量很大，或抽血者並非醫師、護士或實驗診斷科技士，自己應提高警覺。

## 要抽多少血才夠？

舉例來說，病患若有敗血症加高燒做血液培養，可能會抽兩管各十西西的血液，這算較多的；其他一般的生化檢查多半三到五西西就足夠；檢查血糖、全血球計數（檢查血紅素、紅血球、白血球、血小板等等）各約一西西血液就足夠。所以平常的檢查，很少總量需要三十西西以上。除了幼兒長期住院以外，病患或家屬不必害怕因抽血會貧血，因為即便醫師追蹤了數次，總量非常有限。

病患：醫生啊，你抽那麼多血（才五西西），我會不會變貧血啊？

醫師：不會啦，**做一支豬血粿都不夠……**

病患：哇，我的血哪ㄝ黑索索？是不是血太濁？

醫師：大哥～～靜脈的血永遠是黑紅色的，因為它是缺氧血！動脈血才是鮮紅色，而除了驗血液氣體外，抽血多半抽靜脈。

（再次證明健康教育在考完高中聯考後就沒用了）

很多患者常去民俗療法「放血」，然後說：「那老師傅用針插我小腿，一開始是黑血，都是壞血；後來血清了，變成鮮紅色，哇祝厲害ㄝ！讚啦～」

因為後來戳到動脈，慘！

## 很多檢查有說明書，事先要詳閱

例如大腸鏡檢查的瀉藥要檢查前一天才吃，有人竟拿到當天就吃了。結果檢查那天滿肚子大便，無法檢查，心裡也一肚子大便！

### 小常識：抽血的祕密

其實常做的抽血項目，除了飯前血糖及三酸甘油脂（TG，triglyceride）以外的大部抽血項目，根本不用空腹。

被懶惰的醫師騙很多年了吧！

若抽血如果都要空腹八小時，急診的病患早就死光光了！但高血壓、糖尿病、中風、心臟病、高血脂……等患者，煩請乖乖空腹吧！因為你們多半要抽飯前血糖及三酸甘油脂。

## 選擇檢查要一次到位

很多人大便有鮮血，或者上腹痛已經半年了，應該做大腸或胃鏡的檢查。但一聽到大腸鏡或胃鏡，馬上退避三舍，或者選擇比較不痛苦的上下消化攝影（服下顯影劑到胃或顯影劑灌入大腸，然後照X光找到病灶）。

我問病人：若下消化道攝影報告說好像有一顆大息肉或好像有大腸癌的地方，要不要切片檢查？

病人：要啊！

我再問：那要怎樣醫師才能採到檢體？

**聰明的病人：做大腸鏡……。對啊，我直接做大腸鏡不就結了！**

現在很多醫院都有提供「無痛胃鏡」或「無痛大腸鏡」，若患者沒有呼吸及心血管問題，也不是年齡太大，就可以自付麻醉費用，進行無痛內視鏡的檢查，完全不會有痛苦的感覺，也不會留下恐怖的經驗。

## 檢查時序性

**過去的檢查報告不能用來解釋現在的病情！**

病人：我左下腹已經痛三個月了，最近大便又有鮮血混在其中，常腹瀉，怎麼辦？

醫師：可能要考慮做大腸鏡唷！

病人：可是我一年前才做過大腸鏡耶，都沒有問題啊！

醫師：當然要再做，你的症狀才三個月，這是個全新的疾病，一年前的報告早就沒用了！**明天出門你要看去年的氣象報告嗎？**

## 什麼叫切片？

很多腫瘤或特殊病變，光從肉眼或從影像檢查根本看不出到底是良性惡性或者到底是什麼疾病或感染，所以此時需要採取病灶的樣本，然後請病理醫師在顯微鏡下幫患者找出元兇。

採取疾病樣本俗稱「切片」，但事實上是取得樣本後，病理醫師會有一套程序把樣本切成薄片方便在顯微鏡下觀察，所以叫切片。很多患者聽到切片就開始恐慌，因為要被「切」。其實，採取樣本的方法不只手術，還包括用捏子夾取或者用細針抽取，並不是用切的。所以，「病理採樣」應該是更好的名詞！

**病理報告在醫師眼中是「黃金診斷」，只要採樣位置及標本固定方法正確，病理報告是可信度最高的診斷。**

很多病患家屬一聽到罹患腫瘤就開始恐慌，在病理切片報告都還沒出來之前就不斷詢問其他醫師或自己找一堆資料做自我推理，弄得人心惶惶。遇到這種詢問，我一律不做疾病推論，因為**只有病理報告才會說真話！**

## 檢查完畢後，應該盡早回診看檢查報告

台灣有很多怪人，回門診看六個月前或一年前的報告。我的標準答案是：「不用看

了，**不是自己好了就是死了……**」

檢查報告有時效性，它反映的是**檢查「瞬間」的健康狀態**。**你能不能想像六個月前胸部X光上已出現腫瘤或婚前檢查發現已感染性病的慘劇？**

這種人來檢查大部分是心血來潮，根本就沒有症狀，不願意相信脖子瘦和膽固醇無關，或不相信疲倦只是工作太累而堅持要檢查肝功能，這樣形同浪費醫療資源。而且，看報告本來就要掛號看診，很多人看到報告正常，也沒有藥拿，連費用都不想付。

病患：「就看一下報告而已，為什麼還要掛號付費？」

醫師：「如果你早就認為報告一定正常，請問你當初為什麼要做檢查？若報告不正常，你不需要我的忠告及治療嗎？」

## 檢驗怪談

### 狀況一

二十出頭的年輕小伙子：「醫師，我想抽血驗驗看有沒有地中海貧血、B型肝炎及尿酸高、心電圖……」

醫師：「你有哪裡不舒服嗎？」

小伙子：「沒有啊，我只是來驗驗看……」

解答：**這個小伙子快入伍當兵了，想找找有沒有機會躲避兵役。**不能服兵役哪有這麼簡單，好手好腳的，想太多了。

**狀況二**

還是二十出頭的小伙子：醫師，我想做一下健康檢查。

醫師：你有哪裡不舒服嗎？

小伙子：沒有，你們可以驗哪些項目？

醫師：好幾百種吧，項目多到你的血抽乾了也不夠，大部分人關心健康就檢驗肝腎功能、血脂肪、血糖、尿酸、血球等等。

小伙子：那這樣看得出來有沒有得愛滋病及梅毒嗎？

解答：前天晚上一夜風流忘了防備措施，心裡毛毛的，看診又拐彎抹角。要做什麼就開門見山講清楚，免得耽誤病情。

**狀況三**

病人：我頭暈暈的、胃痛、腰痠、睡不好，已經五、六年了，還有，我很討厭吃藥。

醫師：……（不吃藥？你以為來和我聊聊天病就會好嗎？）

病人：其實，我想抽血看看肝腎功能、血糖及血脂肪。

醫師：抽血可以，**但你想做的檢查都不能反映你的症狀，所以健保也不給付**，但胃痛可以做胃鏡、腰痠可做X光檢查、頭暈失眠可以吃安眠藥，健保會給付。

病人：打死我也不要做胃鏡，我也不要吃止痛藥安眠藥。

解答：來意就直接地講清楚，說很多不是很明顯的症狀只會攪亂醫師的思緒。病患很難理解症狀與檢查的相關性；光是檢查而不治療，身體是不可能好轉的。**身體不會愈檢查愈健康，靠改變生活習慣及治療才會改善。**

# 第十三章　醫師，我為什麼會生病？

**急性病才可能找到清楚的單一原因：**例如病毒引起感冒、蚊蟲咬傷、車禍引起骨折、工廠廢氣外洩……

**慢性病的原因眾多，暴露時間長，不容易有好的預防方法：**例如胃癌、高血壓、腎臟衰竭、紅斑性狼瘡……

## 病因是什麼？

### 常見的公害新聞

工廠廠房火災，空氣瀰漫惡臭，附近居民紛紛嘔吐、暈眩、視力模糊，連夜搬遷至十公里外國小禮堂安置。

都會區居民抗議大樓設立基地台，社區一年來已經有兩人死於肺癌，一人死於大腸癌，三人健檢出甲狀腺腫大。

農村居民抗議附近設立氣象台，因為老人覺得氣象台設立後晚上都睡不著覺、皮膚會乾癢、膝蓋都瘦瘦的。

**其實疾病因果關係的建立比想像中困難，不是民眾或記者可以自行推論出來的，找到病因的努力多半足以寫成一篇學術論文。**

證明因果關係要考慮一些條件：

**原因要出現在疾病之前，時間順序要對。**

**這個區域出現的某疾病盛行率真的有高於其他地區嗎？**

**只有這個原因嗎？到底是誰認定的？為什麼不是其他原因？**

**這種懷疑推論合理嗎？有根據嗎？**

第一個新聞是發生在居民聞到惡臭後，產生明顯不常出現的症狀，而且幾乎每個人都發生，所以可信性很強。

第二個例子，一些居民產生癌症在基地台設立之後，但大家有沒有發現，出現的癌症種類很多，好像不是集中在某一項。而且，我們一直只在看個案數目，那這個區域這些癌症發生率（百分比）有高於其他地區嗎？若有，基地台就可疑；若沒有，其他人口組成相似的地方發生率也差不多，則和基地台無關。

同理，第三個例子的社區老人無法入睡、皮膚癢及膝蓋痠，真的發生在蓋氣象台之後嗎？還是本來就有？更何況，這些症狀幾乎本來就好發在老人身上，年齡才是元兇。

再來，為什麼是基地台而不是紅綠燈？為什麼是氣象台而不是臭豆腐店？常看電視就知道，算命節目就說是風水不好；靈異節目的解釋就是卡到陰的，可見大家常常只是很主觀的去推論事情的因果關係。**這些原因都是被很主觀的選定，完全沒有理由：偏見在作怪，他人的意見在作怪。**

每次有怪現象怪天氣，記者很愛問老先生，老先生就說：「我活到八十歲都沒遇過這種現象。」這位老先生可以代表權威嗎？**其實很多現象，問年輕的科學家，馬上可以得到正確的答案！**因大部分人並不是某領域的專家。

所以面對很多疾病，我們是很難找出真正的原因治療、或者找到太多原因無法一一解決、或者疾病已經形成，不可能再回復了。

**面對疾病，應該重新思考，直接治療也是一個重要的手段：**例如不確定什麼原因引起大腸癌，但用手術及化療可以完全消滅癌細胞；若你相信以前纖維素吃太少及吃太多肉才引起大腸癌，所以治療方法就是改吃素及青菜水果，這樣癌症就會消失嗎？

## 遺傳很重要嗎？

**遺傳因子、生活習慣及環境因子是主要引起疾病的三大原因**，所以遺傳當然是一個非常重要的病因。

例如病患很愛問：「高血壓是不是會遺傳？」

我說：「對啊！」

病患：「**都怪我爸媽**，他們都有高血壓，我才會得。」

我說：「除了遺傳，肥胖、吸菸、高鹽高熱量食物、缺乏運動難道也是遺傳嗎？而且，你父母有遺傳給你好的東西吧？另外，他們也是被你的祖父母遺傳，並不是他們自己想要的。」

**遺傳常被當成推卸生病責任的藉口，而不去反省自己的不良生活習慣。**

遺傳疾病只能在下一代出生前預防，或者少數疾病可以透過骨髓移植解決不良遺傳因子所帶來的重大疾病，否則，我們都已經被生出來了，還能怎樣？再投胎一次嗎？永遠別忘了自己對健康的責任，別推給父母。

# 第十四章　我要接受醫師的建議嗎？

## 價值取捨

醫師給完診斷，然後會給你治療建議，但這才是問題的所在：

**「我要接受醫師的建議嗎？」**

### 你會遇到幾種狀況

**一、我完全相信醫師**

領藥回家按時服用，開始改變生活習慣，或接受開刀建議。

## 二、我不相信醫師的診斷

**最好轉診換別的醫師，也不要領藥，因為你根本不會吃。**不要再和醫師爭辯，**爭贏了，你也不見得就是對的！**而且醫師不見得願意用你的方法治療。

最不傷和氣的講法：「對不起，我回家再考慮看看，請先不要開藥給我。」

若你又看了三位醫師結果和第一位醫師意見相同呢？

如果某一位醫師意見和你相同，就欣然接受了嗎？

## 三、我同意醫師的診斷，但不能接受醫師的治療建議

我有淋巴癌，但我不想做化學治療；

我失眠及焦慮，但我不想吃抗焦慮劑及吃安眠藥；

我想減重，但教我吃那麼少我不能接受；

我的腎臟已經衰竭，貧血、全身浮腫、氣喘及嘔吐，但我不甘心要開始洗腎。

## 四、我同意醫師的診斷，可是醫師給我好幾種選擇，怎麼辦？

醫師說我甲狀腺亢進，可以一直服藥，但要吃一輩子；也可以開刀，但有時候會切到太多甲狀腺，最後還是要終身補充甲狀腺素；有時候切不夠多，還是亢進，和沒開刀

前一樣，白挨一刀；也可以用放射碘治療，但我還沒生過小孩，不知道會不會有影響？

## 幾種民眾考慮治療方式的想法

王董事長：給我**最有效的**，我不在乎錢！
湯總司令：給我藥效**最快速的**，我明天要舉行作戰會議！
陳太太：給我**最沒副作用的**，我有胃潰瘍。
李伯伯：給我**最便宜的**，我這個病需要長期治療，但我沒什麼錢一直吃太貴的藥。
方小姐：給我**最方便的**服用藥品，我們夫妻都要上班，不可能一天餵小孩四次藥。

**記住，天下沒有白吃的午餐，凡事都需要付出代價！**所以沒有一種方法能齊聚所有優點，如果剛好有，那你很幸運；如果沒有，請你要開始做**「價值取捨」**。

媽媽：小明，不要再熬夜了，太晚睡對身體不好！
小明：媽媽，如果這科當了，我還要留級一年。
價值取捨：「為了每次考滿分而每天熬夜，值得嗎？」「為了不留級一年而熬夜一晚，值得嗎？」

## 價值取捨的幾個重點

**一、一個方法只要好處多於壞處，就要列入選擇。**

不要執著在有小缺失的方法，而忽略掉其背後的巨大優點：**零和遊戲**。只要最後評量結果是好處較多，就應該列入考量：**雙贏賽局**。

注射兩週抗生素治好肺炎，換得一個月的腹瀉比較好；還是擔心抗生素的副作用讓病患八天後死亡？

糖尿病導致右腳壞死，截肢保住一命，但以後就要穿上義肢；不能接受截肢的心理障礙，兩週後就敗血症死亡，你怎麼考慮？

在小鄉鎮出車禍重創命在旦夕，附近一家縣立醫院有外科醫師可以幫你開刀解決腹部大出血的問題，還是你要請救護車開兩百公里到台北開刀？

你的小朋友已經一個月氣喘性乾咳及夜咳而不能睡覺，用低劑量口服類固醇一星期可以治好；還是你堅持要自然痊癒，再等三個月後春暖花開？

**沒有副作用的方法往往也沒有什麼療效！**這就是為什麼很多人迷信來路不明食品的原因。

很多人活得很痛苦，就是態度偏執，完美主義，不容一點缺失，永遠玩你死我活的**「零和遊戲」**。看到一個符合自己價值的小部分就全然接受，忽略大部分事實上是無用或有害的；或者只要有一部分不符合自己價值，就放棄不用，而忽略背後的巨大優點。

**因此常常會選到一個完全沒有作為的方法。**

**「有機、自然，一定好；化學、合成，一定不好？」**

**「食物好、藥不好；治本好、治標不好？」**

**二、若好處差不多，選擇最不費時、花費最少及真正可行的方法。**

這就是**「成本效益分析」**：

**花同樣的錢，選擇得到好處較多的。**

**好處相同時，選擇最省時間的。**

**選擇付得起錢，而有客觀環境真的可以實施的。**

例如高血壓患者，血壓已經達到170/110 mmHg，你可以開始減重、運動、每天準備低鈉及高纖飲食、晚上報名瑜伽班、星期天參加心靈講座；你也可以每天只花十秒鐘吞一顆鈣離子阻斷劑。問一下你的醫師，哪一個效果好？哪個花費少？哪個方便？哪個人最後會中風？

**很多完美的方法只有退休人士及M型社會右端的人才玩得起。**

胖的人最喜歡說：我明天要開始「運動」減肥，這是「最自然」、「最有效」的。

很多人受價值觀影響，一直要創造一個完美無瑕的社會，但往往提出根本做不到的方法與目標。好的醫師會考量病患的客觀環境再給予建議，例如給窮人一個昂貴手術及藥品，換得病患三個月生命的延長，卻可能讓整個家庭破產。

每次看到報導某人又爭取到好像很好的福利措施時（什麼重大疾病又開放給付了、什麼治療又可以免費提供……），要記得資源有限，若餅還是很小，這只是造成板塊推移，壓縮其他方面的需求而已。**利用大眾資源來做好事，要有效利用，而不是以行善為名，慷他人之慨！**

## 醫學新知與道聽塗說

醫學新知往往只是某人的研究報告，可能只在研究初期，距離臨床應用還有段距離，不要拿著剪報去看診，徒增醫師的困擾。專業醫師有那麼笨嗎？方法這麼好，竟然沒有一家醫院在使用，還要民眾來提醒？

很多醫學新知往往是藥商或食品公司贊助的研究，甚至是某醫院的廣告；記者覺得有趣的新聞不見得是重要的醫學新訊息，常常只是他不知道的舊聞。

看診應該專心聽醫師的解說及建議，而不要一直講我爸爸說什麼、鄰居說什麼、太太反對我吃什麼？非專業人士往往只會幫倒忙。

## 小常識：你該相信誰？

很多昂貴、包裝精美，德國「杯」斯麥博士推薦的原裝「宇宙超能量有機抗老化植物性天然精華」，吃下去沒多久，就開始出現明顯腹瀉的現象，或者開始皮膚發癢及滿臉痘痘。

當你打電話給代理商，得到的標準答案一定是：

「那是正常排毒現象，你再吃六個月後，就會愈來愈改善，愈來愈青春美麗；我們另外有新的『美白除皺清保濕天仙液』，兩者合用後，功效更棒！」

於是再加買六個月份的「精華」及「天仙液」，結果愈吃愈不像天仙，反而愈像蛤蟆。

民眾常常有一個特色：「好騙難教」！喜歡聽好聽話，不願意聽醫師逆耳的忠言。

# 第十五章　藥要怎麼吃？

## 領藥的注意事項

在看診時應該知道醫師開了幾種藥及大概是什麼作用。領藥時要核對姓名、藥品種類及數量、問清楚用法及作用才離開。**醫師不是萬能的，也會有開錯藥、開錯劑量的時候**，另外也有可能在鍵入電腦時出錯。此時**藥師就是幫你把關的守護神！**

## 藥袋的重要性

**藥袋是非常重要的資訊來源**，不要一回去就把藥袋丟棄！藥袋上有藥名、劑型、劑量、使用法及作用副作用說明。有時候換醫師看診時，答不出自己上一位醫師下的診斷。新的醫師一看處方馬上就可以得到答案。

很多人丟了藥袋，當醫師問起你吃什麼藥，就回答：「一顆小小圓圓白色的藥，吃了會如何如何……」

**藥多半是白的，也多半是圓的，誰知道那是什麼啊？**藥粒上的符號往往只是編號或公司商標。

告訴你一個小祕密：**除非是很常用的藥，很多醫師不知道他開的藥長什麼樣子，也不知道中文藥名！**只有藥師、病房給藥的護士及患者對藥品的外觀及中文藥名比較熟悉。這種情況在大醫院更為常見，因為醫師開了處方後，患者領完藥就回家了，醫師看不到藥品的包裝及外觀。

## 診所不是西藥房

所有處方藥都要經過醫師開立，再經藥師調劑才能取得。請不要跑到診所附設藥局直接開口買藥，駐診藥師是不可能直接賣處方藥給民眾的。需要成藥請自行到藥局購買，處方藥則需要醫師開立，不要自作主張亂買藥。特別是抗生素、降血壓藥及降血糖藥，胡亂服用會有生命危險。

## 藥弄丟了怎麼辦？

沒有健保的時候這不是個問題，因為自己付費再請醫師開立處方即可。有健保時，你付的錢包含的是**掛號費、醫療機構部分負擔，以及藥品部分負擔**，而**不是買藥的錢**，你可能付了四百五十元但拿回一個月份兩千五百元的藥。所以藥品弄丟後，醫師不可能在下個月之前再用健保開藥給你，你可能要自費兩千五百元買所需的藥。

很多不明就裡的人，發現藥物弄丟竟然要花好幾倍的錢才能買到原來的藥，都會非常生氣，在診所大吵大鬧，這是因為**民眾總覺得付費的目的就是付藥錢**。其實，我已經重複很多次了，**醫師的正確診察才是最有價值的地方，也是最值得付費的地方。**

**弄丟東西本來就要自己負責，難道還要全民買單？**

**很多不肖分子常常號稱遺失安眠藥或管制藥品而要求醫師再次開立藥品，實際上是轉售圖利危害社會。**

## 管制藥品

有成癮可能性、長期使用危害健康或可能用於犯罪之藥品。

**醫院常用口服管制藥品舉例：**

麻醉藥：Codein（可待因）、morphine（嗎啡）、tramadol（舒敏）……等。多半用於治療癌末病患的疼痛。

興奮劑：Methylphenidate（ritalin〔利他能〕、concerta〔專思達〕），用於治療注意力不足過動症。

安眠鎮靜劑：Zolpidem（stilnox〔史帝諾斯〕）、alprazolam（xanax〔贊安諾〕）、bromazepam（lexotan〔立舒定〕）、estazolam（eurodin〔悠樂丁〕）、lorazepam（ativan〔安定文〕）、diazepam（valium〔樂平〕）……等。用於解除焦慮恐慌、幫助睡眠或放鬆肌肉。

**管制藥品在取藥時，要簽名才能取藥，不可由不相關人士代領。**

請小心保管，遺失後，醫師為了社會治安及自身觸法考量，可能不願意再開給你。

管制藥品不要任意增減劑量，否則危害健康，或造成藥物不足。

管制藥品不要分送他人，可能危害別人健康或製造犯罪機會。

## 長期用藥？還是用藥上癮？

**狀況一**

王老太太膝關節退化不良於行，需要常常吃止痛藥，卻被兒子阻擱，因為聽說會把肝腎吃壞。

說明：

疾病：膝蓋退化性關節炎是構造性的破壞，所以**不可能服藥後而痊癒**。

治療：在置換人工關節前，疼痛當然可以服用止痛藥物，但以症狀治療為主，不必規律服用，因為止痛藥的急性及慢性副作用都存在。**服藥的目的在改善生活品質而非治癒疾病**，只是應選擇較少刺激胃部的止痛藥，並且應定期追蹤肝腎功能。藥物控制不良或不能負荷副作用時，就應考慮手術治療。

**狀況二**

張老先生血壓持續偏高至160~170/96~102 mmHg，卻不敢服藥，因為他聽說會愈吃愈嚴重。

說明：

疾病：高血壓是**慢性病**，**並不會痊癒**，而且**隨年齡增加會有惡化**的可能。

治療：長期服藥不是為了治癒疾病，而是**為了預防中風**、**心肌梗塞**、**腎臟衰竭**、**網膜病變……等疾病**，並不是為了「舒服」而服藥（高血壓本身並無症狀），無所謂成癮問題。雖然高血壓藥有副作用，但好處多於壞處，所以應選擇長期服用。

## 狀況三

錢女士是公司小型主管，工作壓力大到不能成眠，停經後失眠更惡化，醫師開立鎮靜安眠藥後，大學教授丈夫卻阻止她服用，因為她認為失眠要靠意志力克服，服藥會上癮。

說明：

疾病：絕大部分的人處於高壓環境都情非得已，為了生計著想，不可能立刻更換工作或有時間休閒，若再加上睡眠障礙，無疑雪上加霜，痛苦非外人所能想像。停經也是不可逆的健康狀況。

治療：在精神科醫師或家庭醫師指示下，規律服用助眠藥物則能迅速解決失眠的痛苦，改善精神狀況，才更有餘力處理工作上的業務。待高壓環境改變，自然有機會減少藥物使用或停藥。

病患多半嘗試了各種方法失敗，才會求助於醫師。外人很難理解失眠的痛苦，只是主觀地要求別人不吃藥，但也提不出好的解決方法，根本是在說風涼話。

**需求不等於上癮**，生活的客觀環境也不是一時半刻可以改的。

**狀況四**

陳小弟冬季半夜不斷乾咳，白天全天鼻塞只能張口呼吸，頭昏腦脹，上課不專心，功課一落千丈。醫師建議應長期使用吸入性類固醇預防過敏疾病，陳媽媽一聽不能接受，聽說用類固醇會產生月亮臉、水牛肩及破壞免疫系統。

說明：

疾病：鼻過敏及氣喘也是慢性疾病，而且**和過敏體質及環境有關。這是不會痊癒但不一定會一直發作的病**，通常環境改變後，就不再發作。

治療：所以當症狀影響生活品質，一段時間規律口服抗組織胺（症狀治療）或局部類固醇（預防措施）吸入劑是必要的。當環境或體質改變時，就有機會可以停藥。放任不理則嚴重影響生活品質甚至可能急性發作後產生致命的危險。

### 小常識：治療不等於上癮

精神醫學上的藥物成癮（addition）現在改稱物質依賴（substance dependence），是指出現下列狀況：

為達到一定效果而明顯增加藥物使用量，甚至已達到中毒劑量；
使用同一藥量很久但效果卻愈來愈差；
出現戒斷症狀或靠藥物來紓解戒斷症狀；
使用某藥物的量超出所需求的劑量或過長時間；
努力嘗試停藥或減藥失敗；
嘗試獲得此藥物、使用此藥物來達到一些特殊效果；
使用某藥物已經妨礙到社交及工作；
雖然已經產生生理及心理的不良症狀，卻還是繼續使用該藥物。

不要把必要的治療貼上「上癮」的標籤。

# 吃了一半能換藥嗎？

服藥當天出現過敏及嚴重副作用：多半在服用當天出現，醫師會更換藥物及治療副作用。

**那吃了一週後才發現藥物引發不適或藥效不佳時，怎麼辦？**

此時就需要重新掛號就診及付費，因為牽涉到**疾病的變化、飲食或外在因素影響**，不見得都是藥物的原因，醫師需要重新審視你的疾病，重新開立處方。一般說來，前一次費用已經申報，也不可能追回，醫師也無法更改前幾天的病歷，狀況會變得很複雜，更何況，藥也吃了很多，民眾也不一定可以保存藥品無污染潮解，所以不可能用不付費的換藥模式。

當日不適用的藥，可以請醫師指導這些藥物日後在某些情況下可否使用。因為健保關係，藥品取得相對便宜，所以很多有用的藥品常常被民眾任意棄置，十分可惜。

以前還在醫院服務，常常會有病人吃剩的藥，護理人員會把這些藥物集中分類放在病房或門診，當作「**公藥**」。我們醫護人員有時候拉肚子、頭痛、胃痛等等，其實都是吃這些民眾的剩藥。我自己在家中也把剩藥分類，家人或親朋好友要救急時，就可以拿來利用。

剩藥其實是可以資源回收，在專業人員的揀選下，還會有很多用途，只可惜絕大部分都已經進了焚化爐。你可以想像若藥物回收利用，報紙的標題一定是：「把人民當豬對待，醫師竟然給民眾回收藥物。」

# 第十六章　吃藥學問大

## 什麼時候可以停藥？

有幾個原則大家可以參考：

**一、症狀治療（消極、保守療法）的藥，只要沒症狀時，就可以停藥**

例如緊張型頭痛，往往吃一次藥就搞定了，不必再服第二次。

最常見的情形如病毒引起的感冒，服藥治療的目的在減緩症狀而不是治癒感冒；因為感冒會自行痊癒，不吃藥也會好，所以，沒有症狀就可以停藥。

但個人經驗會建議無症狀一天以上再停藥。舉例來說，小朋友感冒初期都會發燒，可能持續兩到三天，吃了退燒藥體溫很容易下降，但在急性期，停藥幾小時後又會燒，若家長太焦慮一看到退燒就停藥，很快又燒起來，會變得很慌張，以為又出現新的狀況。我會建議，一開始先規律吃，完全無症狀一日後再停藥。

## 二、積極治療的藥，一定要按時吃完

**抗生素治療**是最典型的例子，因為感染症是最有可能被醫師用藥物治療的疾病。例如中耳炎，醫師可能會給與兩週的治療、尿道炎則給與一週的治療就會痊癒。但患者若太早停藥，則細菌會捲土重來，甚至產生抗藥性。

消化性潰瘍的療程較長，因為復元需要較長的時間，有時候要規律服用制酸藥物長達二到三個月才能完全痊癒。

## 三、慢性病的不同狀況

慢性病基本上有兩類，一種是高血壓及糖尿病之類，不但不會痊癒，而且會持續破壞身體健康，基本上不能停藥，除非醫師一開始就診斷錯誤，之後醫師會評估病情的變化來調整藥物。

另一類慢性病，如過敏性鼻炎、氣喘、焦慮症、憂鬱症、長期失眠……等。雖然不易痊癒，但治療以緩解症狀為主，可以一開始規律使用藥物。若環境改變，症狀漸漸改善，則會有停藥的機會。

## 隔行如隔山

**不要問西醫關於中藥的問題、寒熱虛實燥濕，或五行經絡。**

病患往往會問：「正在吃中藥調整體質或治療某些疾病，可不可以再服西醫開的藥？」「到底中西藥哪個方法有效？」不懂中醫的人來評斷中醫的療效是不客觀的，除非這位醫師中西合璧，否則根本無法回答這個問題。

為了不把事情複雜化，請用其中一個方法，選邊站吧，否則永遠不知道真正答案。

## 健保規定常見需要檢查報告才能拿的藥

規定一直在變化，僅供參考。

**因價格昂貴**

降血脂藥：要有三個月內抽血報告。

消化性潰瘍：要有三個月內胃鏡報告。

## 第二線抗生素

為避免抗藥性，第二線抗生素要有細菌培養報告才能開立。在醫院可行，在基層診所則很困擾，所以有時候患者罹患中耳炎、肺炎或鼻竇炎等等，**醫師有可能會要求患者自費購買第二線抗生素。請理解基層醫師的處境，否則可能要轉到醫院治療！**

**看到有人中箭，應該先治療箭傷，而不是急著去追放箭之人，否則傷者早就傷重身亡。**很多情況下，醫師不必培養結果就有能力知道該用什麼抗生素。一般說來，醫師可憑經驗先給藥，爭取治療時間，免得病情惡化，然後再等待培養結果。

有一次，一位年輕爸爸帶他的小女兒來看病，已經高燒七天，曾帶到教學醫院就診，也服用了第一線抗生素五天了，但還是劇咳及高燒不退。我一聽呼吸聲，充滿了肺囉音，**這是肺炎的跡象**，於是我說：「你們應該考慮回原醫院請醫師收你女兒住院治療。」他說他們夫妻都在上班，沒人可以照顧小女孩。我就說這樣吧，我開第二線抗生素給你，但可能要麻煩你自費購買。年輕爸爸同意後，就帶藥回家了。

過沒二十分鐘，小女孩媽媽打電話來：「**你們小診所為什麼總是找理由要讓病人自費買藥？我女兒就感冒而已**，為什麼還要給她買抗生素治療？人家××醫院都不必自費！我等一下請我老公回去，我們不要那瓶自費抗生素，如果不能退，我會去衛生單位檢舉你們。」

所以，除非是自己很熟的病人，遇到這種第一次求醫而又需要第二線藥物的病人，醫師其實在對話後幾句就知道該做什麼了。若對醫師沒有信任感，我會說先用第一線藥試試看，三天後若仍沒改善請到××醫院治療，本診所設備經驗不足，恐怕無能為力。若病患充分了解，就不必讓病患白受那三天的苦，直接用第二線抗生素，一次到位，一次搞定。

## 吃了藥沒效，為什麼？

來自**醫師**的問題：診斷不對、用藥種類或劑量不對。

來自**患者**的問題：未按指示服藥。

來自**疾病**的問題：

一、**疾病還在進展**中，新症狀還會不斷出現，或出現新的併發症。

例如一開始只有普通感冒，但三天後出現氣喘及細菌性支氣管炎。

二、藥物在血中**濃度尚不足**，需要耐心等待。

例如抗生素要等四十八到七十二小時才能判斷有沒有效、血壓藥要吃四到五天濃度才穩定、退燒藥可能要吃一到三次體溫才會下降。

我在門診看過一個病人，手拿三大袋不同醫院的藥，每袋只吃一包，抱怨無效。**健保不被這些人弄倒也難！**

### 一卡通吃，滿載而歸

明明就來看高血壓，另外還想多拿眼藥水給老婆、香港腳藥給兒子、安眠藥給老爸、沒有拉肚子也要胃腸藥……

有必要這麼省嗎？如果都要自己付費，就不會有這種吃到飽、不拿白不拿的行為。

### 我要出國，我很急……

很多病人明明就病了兩週，明天要出國才來就醫，要求醫師下重藥、打針、快速退燒。

**治療是需要時間的！上帝來了也沒辦法。**

給自己及醫師時間治療你的疾病，特別是感染症、未穩定的高血壓及糖尿病。很多自認事業偉大的人都拖到病入膏肓才願意乖乖就醫，**還自認「積勞成疾」**，**明明就是自誤前途。**真正聰明的人知道取捨事情的重要性，性命都沒了何來事業可言？

很多人出國前，好像永遠不會再回來一樣，要求要開一堆備用藥。但出國一定要帶那麼多藥嗎？若那麼焦慮，乾脆租一位醫師一起出國算了！出國只要帶慢性病用藥及簡單疼痛消化藥物即可，真正生病還是要在外國就醫。

**嫌外國看病太貴、等待太久、拿藥不便？回國時請多珍惜感謝國家的健保資源。**

### 趨勢大師

患者（怒氣沖沖）：我本來只有流鼻水，為什麼吃了你開的藥後不但發燒，而且還愈來愈咳？

菜鳥醫師：這……

老鳥醫師：因為普通感冒（common cold）初期症狀是微燒、咽喉痛及流清鼻水，兩、三天後鼻涕轉黃，然後出現乾咳，四、五天後會出現黃痰，自然病程約一週，會自行痊癒。你現在已經走到疾病後半期，所以咳嗽咳得很厲害。

老僧入定醫師：（第一次看到病患）你這是普通感冒，所以最後一定會咳嗽（鐵口直斷）；所以我今天就開咳嗽藥給你，另外治喉嚨痛的藥也可以退燒，今天也開給你。

患者：（三天後）真的咳嗽了耶，好神！

### 小常識：基層醫師的專業技能

為什麼基層醫師可以鐵口直斷？

因為很多疾病在大流行時，基層醫師已經看過太多相同的病患，過一、兩週後，醫師就可以完全掌握這次流行疾病的所有病程，所以預測疾病將出現的症狀及何時會痊癒都非常的神準。至於到底這次病毒是A型B型、X型Y型，留給記者去問教學醫院的大教授就知道了。

基層醫師只要把鳥準確地打下來就好，管他什麼鳥？

（除了水痘、腸病毒、疱疹……等這種很容易由外觀看出的疾病外，大部分的病毒感染都需要特殊培養才會現形，等培養出來，病人早就痊癒了，所以沒有培養的價值。）

## 恐怖的吃藥無效情況

一、上腹痛當作胃潰瘍治療，始終沒有效果，也因害怕而沒照胃鏡，結果是：**胃癌**、**胰臟癌**、**大腸癌（在橫結腸上）**、**肝癌（在左葉上）**……

二、久咳不癒，咳兩週以上，一直未就醫或照胸部X光，結果是：

**氣喘、肺結核、肺癌……**

三、感冒後期（五、六天後）才發高燒，結果是：**細菌感染。（中耳炎、肺炎、鼻竇炎、腦膜炎、尿道炎……）**

## 咎由自取的吃藥無效情況

上腹痛不癒，因為：不願意停喝咖啡或烈酒。

久咳不癒，因為：不願意停止吸菸。

我的答案很簡單：**「沒關係啊，那就邊喝咖啡邊吃藥！」「沒關係啊，那就邊抽菸喝酒邊吃藥！」**

但是你就得接受吃藥無效的後果。

## 西藥傷胃？

其實我們最常生的病是感冒、急性胃炎及腸炎。而感冒因為發燒或頭痛、喉嚨痛往往需要止痛藥治療（止痛藥多半也有退燒效果），恰好止痛藥有增加胃酸的副作用，因此民眾才有西藥傷胃的印象。

事實上，較常吃到的藥中，會傷胃的是**非乙醯胺酚**（Acetaminophen）**的止痛藥**

（例如Ibuprofen、naproxen、diclofenac acid……等）、某些抗生素（例如紅黴素）、茶鹼類氣管擴張劑（例如theophylline）或類固醇（例如prednisolone），並不是所有的藥都會傷胃。

別忘了元凶可能是自己吃的食物：**太酸、太甜、咖啡因類飲料、酒精、吸菸……**若**吃什麼藥都會胃痛，要考慮本身是否為消化性潰瘍的問題**，可能需要胃鏡檢查。

## 長期吃高血壓藥及降血糖藥傷腎？

其實恰好相反！

**把血壓及血糖控制在正常範圍才能保護腎臟！**

腎臟會壞到需要血液透析（洗腎），多半是沒有好好控制血壓血糖，最後搞到腎臟衰竭才肯吃藥或注射胰島素，然後又怪罪吃藥及施打胰島素後才導致洗腎。

## 民眾用藥觀念最常犯的錯誤

### 過度關心「副作用」，對藥物的「作用」漠不關心

這是很多家長最常犯的錯誤，過度保護小孩卻對疾病治療毫無認識，把簡單的細菌

感染或氣喘問題弄得複雜無比。

## 沒有「量」及「用藥時間長短」的觀念

很多人聽到會有副作用就十分擔心，但很多藥的副作用可以用**較少劑量及較短時間**來減少或避免。用一個比喻：手指頭放在蠟燭火焰上烤當然會灼傷，如果只是輕輕拂過火焰則毫髮無傷！很多時候，藥物僅僅為了救急而非長期服用，並不需要對副作用感到恐慌。

## 懷孕了怎麼辦？

準媽媽：我懷孕了，可以吃你開的藥嗎？

醫師：這……，妳要不要去問婦產科醫師，這樣比較安全。（**燙手山芋**）

婦產科醫師：せ……，我知道哪些藥是安全的，但這個病我比較不熟，還是原來那位醫師比較會看。（**再推回去**）

準媽媽：……

## 美國FDA把孕婦用藥分成五類

類別A：針對孕婦做的藥物對照組研究，沒有證據會造成懷孕初期對胎兒的危害，之後也很少有影響。

類別B：無人類研究，但動物研究此藥物並不會傷害動物胎兒；或動物研究顯示會傷害動物胎兒，但對人類孕婦做的藥物對照組研究，沒有證據會造成懷孕初期對胎兒的危害。

類別C：動物研究此藥物會造成動物畸胎，但無人類對照組研究；或者，動物及人類都沒有研究報告。

類別D：有研究此藥物顯示對胎兒有傷害，但用在胎兒特殊嚴重疾病或病危之情形顯示有益處，權衡輕重下可以考慮使用。

類別X：不論動物及人類實驗都顯示此藥會傷及胎兒或致畸胎，害處大於好處。

A類藥品很少，只有生理食鹽水或少數維他命，因為很少會有孕婦用藥的實驗。所以B類的藥是相對安全的。

X類一定不要用，C、D類盡量不要用。

所以懷孕時，為了用藥安全，讓醫師花些時間幫妳找出較安全的用藥。**若只是症狀**

**治療且無積極療效，盡可能不要服藥，減少對胎兒傷害的風險。**

準備懷孕或已經懷孕者，請注意自己的健康，因為**疾病本身可能就會造成胎兒的傷害**；若需要服藥，等於再加上更多風險。即便吃了很安全的藥，也很難保證胎兒一定沒事，因為畸胎本來就有一定的發生率險。**醫師沒辦法向孕婦保證！因為不確定的因素太多。**

考生考試前不生病是他實力的一部分；孕婦要得到一個健康寶寶，也要讓自己不生病，至少注意到不要有不良生活習慣及**將自己暴露在容易感染疾病的環境下**。

最安全的方法其實很簡單：真的要服藥時，**讓醫師翻一下藥典**，找出比較安全的藥，這樣對孕婦最有保障。醫師不是電腦，翻一下書籍或查詢一下網路比較安全。

# 第十七章　服藥時你會犯的錯

## 經常犯錯的服藥法

### 一、血壓血糖正常了，所以可以停藥了

血壓血糖只是被藥物控制了而已，根本不是「好了」，一停藥就會彈升，所以血壓血糖藥可以調整，但不能停藥，除非一開始就診斷錯誤或身體出現其他重大變化。

### 「午餐吃飽了，難道就不用再吃晚餐嗎？」

### 二、血壓高才吃藥，平常不必吃

這多半發生在焦慮症的病患身上，明明沒有真正的高血壓，又擔心「血管爆裂」，

於是就要求醫師開幾顆藥放在身邊，只要出現頭痛、頸部痠痛、頭暈就一直量血壓，稍微高就吃，一下降又不吃，一天到晚量血壓，**變成「血壓計奴隸」**。

**三、安眠藥會上癮，所以睡不著才吃**

偶發性的失眠可以如此，慢性的失眠多半有生理及心理的因素，不可能服藥一次就痊癒，而且，最後的恐慌來源往往是「今天晚上又睡不著了」，所以規律服藥和減少焦慮可大大改善生活品質，等這種狀況改善後，再由醫師慢慢減少劑量。

**四、老公的血壓藥及隔壁王太太的安眠藥較有效，借幾顆來吃**

每個人的生病原因及嚴重程度都不一樣，所以不要拿別人的藥來吃。既然覺得別人的藥很好，乾脆就去看那位醫師。一個人的劑量哪夠兩人吃！

**五、不發燒了，所以抗生素要趕快停藥**

前面提過，太早擅自停藥會導致病況捲土重來及產生抗藥性。

**六、西藥傷胃，所以一定要配胃藥吃**

若只是短期使用止痛藥，根本不會有胃痛的問題；大部分的藥也不會傷胃，更何況，很多人對胃跟腸的疾病根本弄不清楚，常拉肚子的人也說他自己胃不好，明明就是腸炎，不知道吃胃藥做什麼？

### 七、吃感冒藥就不會傳染疾病給小孩了

感冒是病毒感染，而且有一定病程。**吃藥只能緩解症狀，不能縮短病程，更無法減少傳染力。**所以，怕傳染給別人時，**戴口罩、勤洗手及分開餐具才是最有效的方法。**

## 吃藥還是吃火鍋？

**火鍋店顧客：**來一點小羊肉、老油條、加一點滷肥腸鴨血、香菇金菇都要、雞肉丸子也來一盤；醬料要有韭菜花醬、豆腐乳、芝麻醬……

**中藥廣告：**我們的這味「太極還少丹」，含有人參、當歸、黃耆、甘草、橘皮、升麻、柴胡、白朮、陳皮、木香……，共有七七四十九種高貴藥材，可以補中益氣、生津解渴。

**基層門診的老太太：**醫生啊，我胃不好可不可以「尬」一點胃藥、肝不好「摻」一掛顧肝ㄝ、頭殼暈暈來一點腦神經衰弱的、上星期走路喘喘的幫我放一些「救心」……

中藥可以標榜多種高貴中藥煉製而成，但一般說來，已純化過的現代藥品，不是把

所有的藥都加一些就會比較有效！吃藥又不是吃火鍋，料多就味美，反而**藥多副作用愈多，交互作用愈難預測！**

老話一句，事情有輕重緩急，先解決急性疾病再來處理慢性疾病！

**醫病問答狀況劇之一**

病患：請開給我好一點的藥好嗎？

醫師：你是說我平時開的藥都不好嗎？

病患：歹勢啦，我是說我願意多花一些錢，開較好的藥讓我快一點好啦。

醫師：不用啦，感冒藥沒什麼好或不好的藥。

## 什麼是好藥？

**以作用論：**效果好、作用迅速、副作用小、服藥方便。

**以迷信論：**民眾認為進口藥（原廠藥）比國產藥（學名藥）好。

一般說來，要不要多付錢買好一點的藥可以考慮幾個原則：

## 常見疾病並不需要自費買好一點的藥

以感冒來說，如果醫師診斷無誤，就算不吃藥也會好，吃藥的目的只是緩解症狀。以高血壓來說，可用的血壓藥實在太多種了，醫師用藥考量在於藥物強度及病患本身年齡、性別及潛在慢性疾病。貴的不代表效果好，血壓藥只有適合與不適合的考量。

## 救命的藥則要考慮自費與否

例如特殊感染用的抗生素，等培養結果出來，可能已失去治療時機；例如癌症的化學治療，若新藥有救命的一絲機會，就要考慮使用。

## 因為昂貴藥品的健保規定

最常見的兩個狀況在**胃（或十二指腸）潰瘍及高膽固醇症**，前者需要三個月內胃鏡報告，後者需要三個月內抽血符合規定的膽固醇值才能請醫師開立效果較好且服用方便的藥。很多人因為不願意再做胃鏡，或時間暫不允許，就可以考慮自費購藥治療；有些人膽固醇仍高，但不符合健保開藥的標準，但很關心自己的心血管疾病，因此願意自費購買藥物保養身體。

醫師都知道一件事：

**「吃藥的時候沒有人是愛台灣的！」**

其實很多藥根本就沒有專利很多年了，其他藥廠可以生產成分相同的藥品，在做過「生體可用率」（Bioavailability，BA）和「生體相等性」（Bioequivalency，BE）的研究後，若證明其效果和原廠藥品相同，就可以申請許可，開始在市場上販售利用。有些非原廠藥劑公司甚至能改變同成分藥品在人體內的釋放方法，**比原廠藥品更便宜，效果更好**，生產這種**學名藥**的藥廠都賺了大錢。民眾其實面對常見疾病，不必迷信原廠或外國貨（除非前面所提的救命用藥）。

**醫病問答狀況劇之二**

病患：我的胃腸不好，藥不要開得太重。

醫師：好吧，我開輕一些。（止痛藥改acetaminophen）

病患：那太輕會不會沒效？

醫師：……（那你到底想怎樣？）

很多人在抱怨：為什麼本來用原廠後來要改台製？自己是不是被當成賤民？請再回想一件事：你想不想再多花錢繳健保費？還是讓健保用同樣有限的資源做更多的事？如果你吃慣日本鮑魚而不喜歡南美洲鮑魚，那就自己多花點錢吧。本書說很多次了，天下沒有白吃的午餐。

**送你一個緊箍咒吧：「你到底愛不愛台灣？」**

## 藥比較重是什麼意思？

### 劑量較高

很多忙碌的上班族，要錢不要命，例如本來抗生素一次應該吃250 mg，要求醫師加倍劑量、自己加重劑量或增加用藥頻率。除非醫師允許，最好不要這樣。

### 同作用成分重複用藥

這反而常常是醫師的問題。醫師怕用藥無效，壓不下病患的高燒、鼻水、咳嗽、感染……，於是開了兩種以上作用相似的不同藥劑。這是為什麼你的小朋友只有病毒性感冒，只有四種症狀，藥單上卻有八種藥的原因。

為什麼醫師會這樣開？和病患當然脫離不了關係。**台灣的病患個性都很急，只要吃一、兩包藥沒有效，就會換醫師！**但前面已經講過，疾病有自然病程，用藥也須等待生效時間。醫師怕病患跑了，只好下猛藥。

**小常識：藥的玄機**

若覺得藥單上的藥很多，先注意兩件事：

第一，剛剛是不是向醫師說了太多症狀疾病，所以才開了一大堆藥？

第二，若不是，看看藥單上是否有太多功能相似的重複用藥？例如為什麼同時用了三種止痛藥？同時開了治流鼻水的藥粉及糖漿？

重複用藥不但危險，也浪費醫療資源。這是你選擇好醫師的要項之一。

## 防禦性治療

明明沒有該疾病，為了怕誤診，只好開藥治療根本不存在的病！這就是**抗生素濫用的原因**。

媽媽：醫師，我的小孩下午開始高燒到三十九度，三個月前有中耳炎，可不可以幫我看一下。

醫師：耳膜正常、扁桃腺正常、呼吸聲正常、小便沒有灼熱，只有清鼻水及咽喉痛，應該只是病毒性的普通感冒，吃退燒藥及流鼻水的藥兩種就好。

媽媽：可是我很怕他半夜又燒起來耶。

醫師：病毒感染在前幾天都會一直燒，吃了藥會退燒，然後再燒，但體溫過了急性期會愈燒愈低，大約三到五天內沒有二度細菌感染時，就會完全自動退燒，所以規則服藥就不用再焦慮了。若小孩沒什麼不舒服妳也可以自動停藥。

媽媽：我還是怕他有中耳炎，怎麼辦？（**偏執焦慮出現**）

醫師：他現在耳膜很正常，若真的轉中耳炎，退燒藥會完全無效，明天就可以再帶來看了。（無力……）

媽媽：我還是很怕耶，萬一今天燒不退……

醫師：好吧，若妳還是不信，我開抗生素給妳，但是記住，「這是妳的診斷」；我的診斷是感冒，只是病毒感染。**我開抗生素是為了治療妳（的焦慮）**，而不是為了妳的小孩！

媽媽：可是抗生素不是很不好嗎？

醫師：**中耳炎可以不用抗生素治療嗎？**我根本就不想開！是妳一直擔心有中耳炎，

我又找不到中耳炎。

媽媽：好啦，開抗生素啦，明天若還沒退燒我再來回診。

醫師：不用，三天後再來！若只有病毒引起的感冒，今天服退燒藥就會退燒！若小孩真的有中耳炎，抗生素要四十八到七十二小時後才會生效，妳明天來也沒用。

**這門診「態度很不好」的醫師，就是我……**

## 新藥與舊藥

藥理科老師的諄諄教誨：

**不要當用新藥的第一人：**新藥的藥效不明、劑量不明、副作用也不明，別當白老鼠！

例外：罕見疾病，癌症末期……，這是很無奈的選擇。

**也不要當用舊藥的最後一人：**當醫界停止使用某種藥物，必然有重大的問題存在！

報紙上說公司營運蒸蒸日上，而你手上該公司的股票卻連跌七根停板……，快逃命吧！

## 小常識：急性病與慢性病

急性病：

剛發病不久，病因單純，病情復元容易或惡化迅速。

常見病因：感染、外傷、血管栓塞。

常見疾病：急性扁桃腺炎、急性支氣管炎、骨折、猛爆性肝炎、中風……

預後：兩極化，痊癒或死亡。

慢性病：

發病已久、病因複雜或不可考、可控制而不能根治。

常見病因：代謝異常、過敏、遺傳、老化、不良生活習慣。

常見疾病：糖尿病、高血壓、痛風、過敏性鼻炎、慢性支氣管炎……

預後：無法根治，只能控制疾病進展速度。

# 第十八章　四大偏見藥物：止痛藥、類固醇、抗生素、安眠藥

刀子本身沒有善與惡的分別，一切取決於執刀之人；藥品也是一樣。

## 止痛藥（麻醉藥除外）

常用止痛藥（非類固醇消炎藥，Non-steroidal anti-inflammatory drugs，簡稱NSAID）可簡單分為乙醯胺酚（學名Acetaminophen＝paracetamol，商品名Tylenol、Panadol、Scanol……等），、非乙醯胺酚的止痛藥（品項繁多，如Aspirin、Naproxen、Ibuprofen、Diclofenac……等）。

兩類都是可以**退燒及止痛**，但非乙醯胺酚的止痛藥還可以消炎（消除紅、腫、熱痛），但比較會有胃痛的副作用。

短期（約一週）服用止痛藥其實並不會有什麼副作用，除非原來就有消化性潰瘍。過高劑量的普拿疼會影響肝功能，但一般醫師處方劑量是安全的。（成年人的安全劑量是每天小於四公克，大約八顆，但醫師很少會開超過一日四顆的劑量。）

非類固醇消炎藥長期服用（特別是老人的慢性關節炎），則要小心**腎臟及胃**、**十二指腸**的副作用。

## 止痛藥都能退燒

**止痛藥都能退燒！（麻醉藥除外）**

當你有喉嚨痛頭痛時，醫師開了止痛藥後，就不用再特別吃什麼紅包退燒藥。醫師若已診斷疾病是病毒感染，鎮痛解熱藥可以規律吃，因為在感染急性期前幾天，藥效一退就會再燒。不要隨著溫度高低而焦慮，吃到完全沒高溫時再停藥。

細菌感染則要服用抗生素才會退燒，而且抗生素藥物一旦發揮作用後，溫度就不會再上升了，此時可以停用鎮痛解熱藥，但抗生素則要服用整個療程。

# 類固醇

俗稱美國仙丹。

類固醇是醫學上非常偉大的發現（一九三〇年代，Edward Kendall博士發現可體松，在一九五〇年獲得諾貝爾獎），本來就是仙丹！

仙丹用在凡人身上，當然有利有弊。

類固醇價格便宜，而且可以緩解非常多致命的疾病！但不肖醫師或民間非正規醫療院所濫用類固醇，加上媒體污名化類固醇，使民眾聞類固醇色變，反而耽誤治療時機！

經常需要類固醇治療的時機：**氣喘及嚴重過敏、濕疹性皮膚病、自體免疫疾病（紅斑性狼瘡、類風濕性關節炎、紫斑症）、某些淋巴癌、急性神經性發炎……等**，非常多的疾病需要類固醇治療。

最常被濫用的地方：老人退化性關節炎或皮膚癢。很多不肖分子把類固醇做成「黑藥丸」，當成神奇的關節疼痛用藥或皮膚止癢仙丹。

類固醇的副作用（使用兩週以上）：免疫功能下降、胃潰瘍、高血壓、皮膚變薄及長青春痘、水腫、肥胖、青光眼、骨質疏鬆、電解質不平衡……等。所以類固醇一定要在有經驗的醫師指示下，才能服用。

需要長期使用類固醇的患者，不可任意自行停藥，需要慢慢減量才能停用，否則會發生**低血壓及電解質不平衡**的嚴重副作用。

**門診常見的一種狀況**

小朋友冬天不斷乾咳及夜咳，醫師從聽診中發現喘鳴聲，診斷為氣喘，他給你三個選擇：

一、完全不治療，等三個月後春暖花開來臨才自然痊癒，期間天天氣喘、乾咳、夜咳及失眠。

二、只願意吃止咳藥及抗組織胺，症狀較緩解，但兩週到一個月後才痊癒。

三、醫師開立副作用大的口服類固醇及氣管擴張劑，一星期後就痊癒，再使用副作用小的吸入性類固醇預防。

你的選擇是什麼？

## 抗生素

**很多人莫名其妙仇視的抗生素，竟然又是一個人類偉大發明。**（一九二八年生物及藥理學家Alexander Fleming發現了盤尼西林，一九四五年獲得諾貝爾獎。）

因為抗生素的發明，**使外科手術的成功率大幅提升**，也治好了很多致命的感染症及性病，使人類壽命大幅延長。但和類固醇一樣是難兄難弟，被媒體污名化到極致。

民眾多半稱抗生素為**「消炎せ」**，這是不對的名稱，其實非類固醇消炎藥（NSAID）及類固醇才能消炎。

只要可以殺死微生物（細菌、黴菌、病毒）的藥都叫抗生素，但病毒性的疾病（除了少數幾種病毒外）多半沒有有效藥物可以治療，而且很多會自行痊癒，因此一般用的抗生素多半以殺死細菌為目的。

所以病毒性疾病如感冒、流行性感冒、腸病毒……等，多半以「症狀治療為主」。病患覺得沒有不舒服，可以自行停藥。

細菌性感染疾病如鏈球菌扁桃腺炎、中耳炎、鼻竇炎、肺炎、尿道炎……等，**一定要吃抗生素治療，而且有一定療程（可能是一週、兩週、六週不等），治到好才停藥。**

抗生素會被濫用是因民眾自行到藥房購買服用或民眾急性子要疾病快好，醫師怕開藥無效而失去病人，因此在沒有細菌感染症證據時就開抗生素。

亂用抗生素會導致身體的好菌壞菌通通被消滅，於是一些病原菌就趁勢崛起，例如在腸道及陰道，因此亂服用抗生素往往會導致腹瀉或陰道發炎，甚至產生抗藥性細菌的情形。一定要在醫師的指示下才能服用。

**小常識：生存必有代價**

細菌及癌細胞的治療原則都是「除惡務盡」，不可以留下未殺死的細菌或癌細胞，否則反撲時，抗藥性愈強，治療時間愈久，甚至產生敗血症或全身癌細胞擴散！

當感染症未完全消失時，醫師可能會延長治療時間或改用第二線甚至第三線的抗生素，因為只要退縮遲疑，細菌就會繁殖到無法控制，病人很快會因敗血症而死亡。

當醫師正在治療你的感染或癌細胞時，不要一直問：「為什麼要吃那麼久？會不會有副作用？」當然會有副作用，但也有作用！如果不治療，你將會付出生命的代價！

永遠記得「價值的衡量」，只要好處多於壞處，就接受它吧！

## 安眠藥

現行最常用的安眠藥（Benzodiazepine類）其實等於鎮靜劑、抗焦慮劑及解痙攣劑，一些抗憂鬱劑也有助眠效果；目前有較新型的藥物單純作用在睡眠上，作用時間較短，白天沒有殘餘的作用。

民眾常常不把失眠當作疾病，或者害怕成癮，或者排斥看精神科醫師，以至於變成多年的**慢性失眠**。每天焦慮的理由從原本的生活壓力，變成「**害怕今晚又睡不著**」！失眠最大的原因有生理疾病、環境因素、時差問題，及焦慮、憂鬱等心理疾病。心理疾病除了心理治療外，安眠藥實際上可發揮很大功能。**失眠愈早治療其實效果愈好**，比較有機會停藥。安眠藥的副作用或成癮性常常被過度擴大，以至於民眾的失眠問題一直沒被好好解決，甚至常常有民眾要求「**不是安眠藥但可以幫助睡眠的藥**」！有睡眠的問題應該找精神科醫師幫你找出原因及解決，可以不必再排斥藥物治療。

## 一廂情願

丟了一千元買菜錢可能三天無法成眠。

被詐騙集團騙了十萬元可能一個月無法成眠。

公司經營不善負債兩億元，面臨債主上門及官司纏身，可能五年都無法成眠。

安眠鎮靜劑、抗憂鬱劑等精神科用藥，在兩週內或兩個月內就要停藥不見得適用在每個人的身上，因為有些問題短期時間可解決，但有些不行，因此治療失眠要有耐心，不要任意放棄或自行胡亂投藥。

# 第十九章　「消炎せ」，一個被普遍被亂用的名詞

醫師：你今天胃發炎，所以我開了減少胃酸分泌的藥及制酸劑給你。

病患：醫師，**你不是說我胃發炎，那你為什麼不開「消炎せ」給我？我胃痛你為什麼也不開止痛藥給我？**

醫師：胃痛並不需要吃「消炎藥」，止痛藥愈吃胃會愈痛。

病患：………？

## 什麼是發炎？

身體組織受到感染、化學刺激、物理機械刺激引起的「**紅、腫、熱、痛**」反應叫「發炎」。

### 常見的發炎病因

**感染**：病毒、細菌、黴菌、寄生蟲……

**化學刺激**：化妝品、工業污染、香菸……

**物理機械刺激**：刀傷、擦傷、扭傷、狗咬……

## 什麼是消炎藥？

能直接消除紅腫熱痛的藥叫消炎藥。有兩大類：

**類固醇**，steroid：例如prednisolone、hydrocortisone、betamethasone、dexamethasone……等。

**非類固醇消炎藥**，Non-steroid anti-inflammatory drug（NSAID），常見的又分兩大類：

Acetaminophen：只能鎮痛退燒，無法真正消炎，優點是不會傷胃。

Aspirin、naproxen、ibuprofen、diclofenac……等：能鎮痛解熱及消除紅腫等發炎狀況，但比較會刺激胃部，長期使用會影響腎臟功能。

## 台灣民眾口中的消炎藥其實是抗生素！

抗生素其實並無直接消炎作用，而是透過殺死細菌來**間接達成治療感染性發炎症**。抗生素在很多情形下，不但不能緩解腸胃發炎症狀，反而使情況惡化（即便是為了治療幽門螺旋桿菌性胃潰瘍而須服用抗生素，治療期間，也會非常不舒服）。胃炎吃了止痛藥反而更刺激胃酸分泌，甚至胃出血！

所以在剛剛胃炎的例子中，抗生素及止痛藥兩者都不適用。

## 藥物正名

請不要再用「**消炎藥**」或「**消炎的**」這種模糊名詞，才不會造成醫病認知差異及醫療糾紛。

## 請用正確名詞

**類固醇**：治療過敏、嚴重發炎、免疫疾病。
**解熱鎮痛藥（止痛藥、退燒藥）**：消腫止痛、退燒。
**抗生素**：殺菌。

## 急性、慢性發炎

急性發炎：發病時間短、**病因單純**、治療簡單明確、多半預後良好。
慢性發炎：發病時間長、**病因複雜**、治療時間長、往往不會痊癒。

舉例來說：
急性鼻炎：感冒，病毒感染 vs.慢性鼻炎：過敏性鼻炎
急性支氣管炎：細菌感染 vs.慢性支氣管炎：吸菸

簡單的說，**醫師告訴你是慢性**××**炎，復元的機會就不大，只能控制。**

**廣告現象**

廣告A：氣喘是可以治癒的，只要用我們的XX丸。（仙丹廣告）

廣告B：氣喘是可以治療的，只要用我們的YY丹。（路邊抓一把沙子也可以治療，我可沒說可以治好）

廣告C：你們看，試管裡的癌細胞加入我們的ZZ藥水，馬上萎縮，這真是一個驚人的發現！（加一西西硫酸也會讓癌細胞萎縮，但硫酸又不能喝，所以很多試管裡的實驗在人體是沒有用的）

廣告D：哇！水面上一層厚厚的油，加入五湯匙QQ清血粉，所有的油都沉到水裡了，真是太神奇了！（加五湯匙麵粉也有同樣效果）

## 文字遊戲：治療、控制、緩解、治癒

**治療**：只代表為了疾病復元所做的動作，不代表一定會有什麼好的結果。吃藥、開刀、洗溫泉、吃麻油雞、吃蜂膠、收驚、吃香灰……，都可以說是治療方法。

**控制**：疾病病情穩定，但並未痊癒，問題仍然存在。例如高血壓或糖尿病用藥物控制住。

**緩解**：疾病治療後，症狀大幅改善，或病灶縮小。例如感冒吃了退燒藥，燒暫時退了，藥效過後會再燒起來，但愈來愈改善；某些腫瘤在化療或電療後，腫瘤會暫時縮小，過一段時間再度復發，緩解時間一次比一次縮短，最後完全無效。

**治癒**：疾病完全被治好。例如尿道炎被抗生素治癒；急性膽囊炎在切除膽囊後完全痊癒。

## 每位醫師都知道的祕密

到底什麼病可以被治癒？（根治、斷根、治本）

**感染性疾病、外科疾病、某些腫瘤（如淋巴癌）經化療或骨髓移植才能被治癒！**

### 大部分的疾病只能治標或受控制……

其實大部分的病是**自己好的**。都是因為被自己的免疫系統發揮作用，或改善了營養狀況而復元，例如病毒性感冒或腸炎。

慢性病（高血壓、糖尿病、過敏）多半是遺傳、生活習慣、環境因素經年累月所引起，沒有單一原因。以目前醫學只能得到控制而不能斷根！除非診斷錯誤。所以，高血壓藥都吃八年了，不要再問會不會「根治」，**上帝找你泡茶下圍棋那一天血壓就會很穩定了。**

### 中外大不同

醫師：今天你小朋友只是很輕微的扭傷，不必吃藥，只需要冰敷及壓迫即可。

老外：太棒了！（wonderful~lovely~）不用吃藥耶，謝謝醫師！（很高興付錢走了）

台灣病患：什麼？免注射唷，也免吃藥？今哪日甘愛付錢？（很不爽地離開，或者開兩罐咳嗽藥水才甘心。）

真奇怪，醫師說沒有大問題應該要很高興，難道你喜歡聽到骨折還是韌帶受傷一個月不能運動的消息嗎？

# 第二十章　你真的了解感冒嗎？

## 生命中最重要的一部車

若干年前有一則賺人熱淚的電視廣告：

小朋友半夜發燒，在山上又沒有醫師，也沒有交通工具，疼愛孩子的爸爸背著小孩翻山越嶺，汗流浹背，從黑夜到凌晨，終於趕到小鎮的診所，在醫師診治後，小孩退燒了……

小孩長大後，感念爸爸是他生命中最重要的一部車，救了他一命，於是在出社會賺大錢後，買了一部車送他老爸當生日禮物。

好感人啊！

奇怪，小鎮醫師未免也太神了吧，一下子就搞定了！因為，小朋友只是一般的呼吸道病毒感染疾病，其實，**若家裡備有兩、三顆退燒塞劑**，小孩和爸爸半夜都可以好好睡覺，天亮再下山再來看還睡眼惺忪的陳醫師。

有醫學常識的爸爸，可以安心**在家中**當你兒子**「生命中那匹常被騎的馬」**。（當然以後你兒子可能只送你一匹馬）

**什麼是感冒？你真的知道嗎？**不知道！那就繼續在半夜及颱風天中當生命中最重要的那部車吧，**醫院急診處及汽車公司永遠開著大門等你。**

## 感冒，還要你來教我嗎？

感冒，幾乎大家每年都會得個三、四次，熟悉到一見到醫師就會說：**「醫師，我今天是來看感冒的！」**

病患A：我全身痠痛，頭暈暈的，我感冒了。

醫師：你有喉嚨痛流鼻水咳嗽嗎？

病患A：沒耶！我昨天只有嘔吐，今天一直水瀉。
醫師：才不是感冒，那是病毒性腸胃炎。

病患B：我全身痠痛，頭暈暈的，我感冒了。
醫師：你有喉嚨痛流鼻水咳嗽嗎？
病患B：沒耶！我只有小便會痛，左腰會痠，發燒畏寒。
醫師：才不是感冒，那是急性腎盂腎炎。

病患C：我全身痠痛，頭暈暈的，我感冒了。
醫師：你有喉嚨痛流鼻水咳嗽嗎？
病患C：我喉嚨痛六天了，不會流鼻水也不會咳嗽。
醫師：嘴巴張開，啊一聲，你得了細菌性扁桃腺炎。

家長D：我的小朋友感冒發燒三天了，昨天開始嘔吐，今天很奇怪，他還沒吃過藥，但一直昏睡，一直呻吟。
醫師：**快帶去醫院急診，可能是腦膜炎！**

## 普通感冒（common cold）

引起普通感冒的病毒有數百種，常見的有鼻病毒、冠狀病毒……等，主要引起的反應部位為鼻炎及咽喉炎。

感冒是病毒飛沫傳染，**不是吹冷風、頭髮沒乾或淋雨引起！戴口罩**才是最好的預防方法。

**症狀初期：**流鼻水（白或清澈鼻水）、打噴嚏、鼻塞、喉嚨痛，可能有微燒、頭痛、疲倦或肌肉痠痛。

**症狀後期：**黃鼻涕、乾咳，然後轉帶痰之咳嗽。

**一般自然疾病：**過程約一週左右。

**併發症：**抵抗力不佳、吸菸者或過敏體質者，在感冒後期常常轉變為支氣管炎、鼻竇炎、中耳炎或肺炎。

**治療：**感冒未有併發症者只須症狀治療，**無須抗生素治療。**因為每個人得普通感冒的症狀都不同，而且在罹患感冒的每一階段症狀也都不同。所以，**並沒有什麼藥叫做「感冒藥」！**

市面上所賣的綜合感冒藥其實是一群症狀治療的藥物集合：解熱鎮痛藥、止流鼻水噴嚏藥（抗組織胺）、止咳藥及化痰藥，**並不是消滅病毒的藥**。所以當你看醫師時，不要只開口說我感冒了，**醫師最想知道到底你有什麼症狀？醫師是依照症狀來開藥的**。而且你說出症狀後，有時候醫師會發現，根本不是上呼吸道感染，而是其他的病。

另外再強調一次，**感冒是自己好的，不是醫師治好的，醫師只提供症狀治療，也不必吃抗生素**。不必迷信哪一科醫師最會「治」感冒，只要他診斷對就好！

另外，吃了藥只能減少症狀，**並不能縮短病程及免除傳染性**。

## 和普通感冒初期症狀類似的疾病（太多了，舉例不完……）

一、**細菌性（鏈球菌）扁桃腺炎**：症狀為高燒及咽喉劇痛，**多半沒有鼻子及咳嗽的症狀**。醫師可看到扁桃腺上有白白髒髒的滲出物。需要抗生素治療。

二、**腸病毒**：除非有併發症，否則症狀治療即可。

**疱疹性咽峽炎**：症狀為高燒及咽喉劇痛，多半沒有鼻子及咳嗽的症狀，**咽喉可看到數顆潰瘍**。

**手足口症**：症狀為高燒及咽喉劇痛，**口腔可看到許多潰瘍，另外在手掌及腳底可看見許多水泡**，多半沒有鼻子及咳嗽的症狀。

三、**流行性感冒**：流行性感冒病毒引起，冬天天冷時才會流行，出現高燒、**明顯肌**

**肉痠痛**（頭痛、腰痠、大腿肌肉痠痛……）、有時會有**上腹痛及嘔吐**，鼻子及咽喉輕微疼痛，後期會有乾咳，抵抗力不好的小孩老人有時會有嚴重併發症導致死亡。一般說來，因為是病毒感染，也是症狀治療即可。

**「流感疫苗只能預防流行性感冒，對普通感冒無效！」**

### 小常識：發燒了，怎麼辨？

發燒不一定就是感冒！可能有三個情況：

一、感染疾病：病毒、細菌、黴菌感染。

二、自體免疫疾病：例如紅斑性狼瘡，發燒加上關節腫痛。

三、惡性腫瘤：例如淋巴瘤。

另外，任何疾病在高燒時，一定會出現畏寒、骨頭肌肉痠痛（頭痛、腰痠、大腿痠痛）、頭暈及胃部悶痛，這些症狀都是高燒的關聯症狀。醫師無法只靠這些症狀診斷出什麼疾病，你還要告訴醫師是否有流鼻水、咳嗽、上吐下瀉、腹痛、小便灼熱或皮膚紅疹水泡……等，醫師才能判斷你是哪裡感染。

## 奇怪，都快十天了，怎麼感冒都沒好？

感冒在約七到十天仍然不見好轉，要考慮幾個狀況：

一、轉成**細菌感染**：例如支氣管炎、肺炎、鼻竇炎、中耳炎，多半會有持續性的黃綠色鼻涕或痰，甚至再度發燒。應該再就醫，可能**需要抗生素治療**。

二、原本有**過敏體質**：繼續流清鼻水、乾咳、夜咳、喘鳴聲，所以後期出現的是過敏性鼻炎或者氣喘。

三、罕見感染：黴漿菌、百日咳、肺結核……

四、不良習慣、環境因子：**吸菸**、職業病。

五、又再次感冒，又開始流鼻水、喉嚨痛、發燒。

## 媽媽的疑問，到底是感冒還是過敏？

很多小朋友有過敏體質，流鼻水或咳嗽時，媽媽常不知道到底有沒有感冒？要不要看醫師？有個簡單的方法可以幫助診斷，若出現下列三個症狀之一，就要考慮已經感冒了（或其他感染）：

**發燒、疼痛**（喉嚨痛、頭痛、肌肉痛）、**黃綠色分泌物**（鼻涕、痰）

過敏常出現的症狀為清澈鼻水、鼻塞、打噴嚏、鼻涕倒流、**乾咳**、**夜咳**、喘鳴聲，**睡前到隔天清晨之間症狀較明顯**，白天症狀改善，晚上再發作，症狀有時可以持續幾個月。

## 家中可以常備什麼藥？

**便宜又好用。有時不必買，可以把吃剩的藥分類集中。**

**解熱鎮痛藥**：止痛退燒用，例如acetaminophen（商品名Tylenol、Scanol、Panadol）、ibuprofen（商品名Brufen、Advil）、naproxen（商品名Naposin）、diclofenac（商品名Voren、Voltaren）……等。家中有小朋友時，可準備diclofenac的肛門塞劑作為退燒用。

**抗膽鹼劑**：減緩消化道或平滑肌收縮痙攣，可治療腹瀉、腸絞痛、結石疼痛。例如：Hyoscine Butylbromide（商品名Buscopan）。

**制酸劑**：胃痛（胃炎、消化性潰瘍）、胃酸逆流。

**第一代抗組織胺**：過敏、皮膚癢、暈車、流鼻水、失眠（短期使用）。

**四環黴素眼藥膏：**結膜炎、外傷、燒燙傷。

**類固醇軟膏：**蚊蟲咬傷、濕疹。

汽車廣告上那個爸爸若發現小朋友發燒，但出現**大量流鼻水且咽喉痛**（流口水），其實可以給小朋友鎮痛解熱劑（幼兒可用塞劑），因為那是**普通感冒**的特徵，自己可以先做處理，就不用在半夜跋山涉水找醫師了。

發燒若同時有**劇烈嘔吐**、**意識不清**、**腹部劇痛且僵硬**，則一定要立刻找醫師處置。

## 小常識：正常的發燒過程

小朋友常見的病毒感染在服用了退燒藥後，多半效果十分明顯，馬上又精神很好，能吃能玩，此時父母親就不必太擔心，因為大部分是會自行痊癒的病毒感染，但前幾天會燒燒退退，要忍耐一下。

若服藥後四到五小時完全沒有退燒跡象，則要考慮細菌感染的問題。細菌感染需要就醫，且需要抗生素治療，當抗生素使用二到三天發揮效果後，就不會再發燒。若使用三天以上仍不退燒，則要考慮讓醫師換抗生素、重新診斷或轉診。

## 有時候感冒也可以吃冰淇淋

若小朋友出現無咳嗽及鼻子症狀的呼吸道感染，而且**喉嚨劇痛**，例如：**腸病毒感染（疱疹性咽峽炎、手足口症）**、**急性扁桃腺炎**，此時小朋友根本很難進食，所以，可以給小朋友吃高熱量而且涼爽的食物，例如布丁、奶昔、優格、冰淇淋等等，小朋友愛吃且喉嚨不會痛，才不會因進食困難而脫水虛脫。

# 第二十一章　高血壓傳奇

高血壓是一個大家耳熟能詳的問題，但實際上民眾會有很多迷思，所以把一個很容易控制的慢性病弄得非常複雜，甚至常常要跑急診處。

首先大家要知道高血壓是慢性病，所以形成的時間很長，不可能這星期都是120/80 mmHg左右的血壓，下星期就變成170/100 mmHg，而且永遠保持著這麼高。

## 高血壓會好嗎？

因為高血壓是慢性病，所以形成高血壓的原因非常複雜，不可能簡單改變幾個生活習慣就使血壓恢復正常，所以**高血壓形成後，基本上很難回復正常**，需要長期的飲食、生活習慣及藥物的控制。

## 不要用症狀去感覺血壓

治療及預防高血壓最重要的**目的在預防中風、冠狀動脈心臟病、腎臟病、網膜病變及周邊血管阻塞**。腦、心臟、腎臟、眼底及周邊血管就是高血壓破壞的標的器官，但**除非血壓非常高，不然高血壓基本上是沒有症狀的**。

用身體的不舒服去預測血壓高低是不準的，還是要靠定期量血壓才能知道血壓的平均值，而且治療血壓的目的並不是在治療頭暈、頸部痠痛、頸部僵硬的症狀。

## 高血壓確診需要長時間測量而不是單次血壓值

民眾常常量到一個高於140/90 mmHg以上的血壓值，就開始恐慌自己是不是高血壓，會不會爆血管？實際上，光靠一個測量值是不準的，要持續再測量一段日子，才能知道血壓的平均值，才能確診高血壓。

## 很奇怪，每個人家裡都有一台不準的電子血壓計

民眾經常遇到的第一個問題就是，家裡的電子血壓計準不準？為什麼在家中都比較低，在診所量比較高？原因如下：

血壓值是變動的，所以你永遠量不出相同的血壓值。最好在測量血壓前，**至少靜坐五分鐘再測量**，因為走動或過度運動本來就會讓血壓值升高。在診所測量的血壓值較高是因為**醫師並沒有時間讓你靜坐在診間五分鐘後再測量**，另外有些人一到醫院情緒會緊張，血壓會上升，俗稱**「白袍症」**。

民眾老是抱怨自家的電子血壓計不準，後來就棄置不用。其實要知道家中血壓計到底準不準，並不是把診所測的血壓值和家中測量的值相比，因為時間、工具、環境、心情都不同，誤差本來就會很大，最好的方式是**把血壓計帶到診所**，請醫師用診所的血壓計及自己的血壓計多量幾次自己的血壓，因為客觀環境相同，就可以很容易知道家中的血壓計準不準。

## 身體的急性疾病或情緒波動會使血壓突然上升

引起高血壓的慢性病因非常多而複雜，例如遺傳、性別、吸菸、肥胖、高鈉食物、高血脂症、荷爾蒙、腎臟疾病……等。但其實很多急性原因會干擾血壓值，例如**焦慮感**、**睡眠障礙**、**剛做完運動或劇烈疼痛……等**，可能都會讓血壓暫時上升，這時，應該先治療或避免這些因子，才能得出較客觀的血壓值。

## 被狗追時血壓會高；血壓高時狗會追你嗎？

民眾另外一個迷思出在**倒果為因**。民眾往往出現不舒服的感覺（頭痛頭暈）才會去量血壓，量完後發現血壓值剛好升高，然後自己推論因為高血壓引起頭痛、頭暈及頸部僵硬。其實用止痛藥及肌肉鬆弛劑治好痠痛後，血壓就會下降。

**兩個同時存在的事件只能懷疑兩者之間有相關，但不一定誰是因誰是果！**

被狗追血壓升高時要吃高血壓藥嗎？還是離開那條狗？

脖子痠也引起血壓高時，到底該吃血壓藥還是止痛藥？

# 血壓計奴隸

很多剛被診斷可能有高血壓的病人，滿腦子想的盡是「高血壓會中風」、「高血壓會心肌梗塞」，所以惶惶終日，特別是買了血壓計後，**把量血壓當作休閒活動，甚至一天量十多次**，稍微超過一點標準值（140/90 mmHg）就急著多吃一顆降血壓藥，發現恢復正常，又馬上停止不吃，因為「聽說」血壓藥會愈吃愈重，會傷肝傷腎。特別是脖子痠痛時，馬上懷疑快中風了，一量血壓，不得了，160/94 mmHg（事實上不會有立即危險），趕快衝去急診，要求打針降血壓。

這是門診常見的焦慮症患者，因為從來沒被好好教育，或經常性的道聽塗說，所以一天到晚量血壓，自己亂調整藥物，變成一個血壓計奴隸。

其實，服藥只要規律，稍微的變動根本不用理它，若量到的血壓值一直偏高，下個月再請醫師調整藥物即可。

量到異常的高血壓，例如180/110 mmHg，先審視一下自己有無**緊張**、**情緒激動**、**疼痛**、**失眠**、**感冒**⋯⋯**等心理及生理疾病**；因為可能只是暫時上升，無須緊張。一般說來，量到異常高的血壓，第一件事應該先靜坐五到十分鐘，再測量一次，若明顯下降，則不必再焦慮了；若仍然很高，審視一下自己有無**視力模糊**、**頭痛**、**胸悶胸痛**、**一側肢體麻痺**、**少尿等現象**，若無，則在醫師指示下，可考慮多服用一次原有藥物，如果再次出現上述症狀，則應該立即就醫。

**其實，大部分的高血壓病人都是過著幸福快樂的日子，每天早上只要花不到三十秒服一次藥，每個月回門診就醫領藥就可以了，最後會幾乎忘了有高血壓的存在，家中的電子血壓計也早就長滿蜘蛛網了！**

## 小常識：簡單的飲食禁忌

嘔吐：禁食直到有飢餓感。有飢餓感時，先試喝小杯水，喝水無礙時，再服藥或進食。超過一天以上仍有嘔吐現象時，應再次就醫診斷，可能需要施打靜脈輸液（點滴）補充電解質及水分。

腹瀉：仍可進食，但請勿吃太甜、太油、奶製品及冰品。（口訣：冰淇淋。因為冰淇淋是由糖、油脂、牛奶，以及冰所組成）

胃痛胃潰瘍：禁食酸、甜、咖啡、茶、酒、糯米製品及其他刺激性食物，並且戒菸。

高膽固醇症：減少內臟、蛋黃魚卵、帶殼海產、肥肉紅肉的食用。

高尿酸症：減少內臟、帶殼海產、高湯或高湯製品（廣告上很多種動物提煉的×精），酒精的食用；但多喝水及減重。

高三酸甘油脂：減少甜食、油脂及酒精的食用，積極運動減重。

若你喜歡問什麼能吃什麼不能吃，詢問專業營養師及中醫師其實都是非常好的選擇！至於如何變聰明、變美女、變成不老妖怪、變成百毒不侵，請參考其他的醫療類書籍，應該就放在書店本書旁邊。

# 第二十二章　你需要第二意見！

## 複診

當一次門診無法解決或診斷一個問題，就需要複診。複診主要有三個目的：

**看上次檢查結果**，做治療或診斷的依據。

**看疾病現況**，到底是改善或惡化？（例如看燒退了沒？喘鳴聲消失了沒？）

**看服藥狀況**，到底效果如何？（例如尿道炎要回診做尿液檢查）有無副作用？

## 誰能保證？

**參加升高中的保證班，就一定能考上前三志願嗎？**

好老師就一定會把每個人都變成好學生嗎？

有太多民眾是焦慮症及強迫症的混合體，一定要醫師保證檢查一定百分之百無誤、藥物一定沒有副作用、吃藥一定要有效、開刀一定會根治。

若不能理解萬物一定有不確定因子而強求，**幾乎沒有人會伸出援手，浪費掉治療的寶貴時機**，最後上當受騙。

## 什麼時候要換醫師？

**吃藥沒效應該請同一位醫師再看一次。**因為疾病的病程可能還在進行，回診時醫師看見新的症狀，就能做出更進一步的診斷。

同一位醫師不能對診斷或治療提供解決方法之時，你就要考慮換醫師。小病可以自行換診所及醫院就醫，但遇到重大疾病則需要請你的家庭醫師幫忙轉診。

## 只要你不信任眼前的醫師，就是換醫師的理由！

因為沒有互信，醫療一定失敗！不必勉強接受治療或開刀，也不要開一堆你不願意吃的藥。面對診斷不明或在治療上需要重大抉擇時（例如非急診開刀、化學治療、放棄急救……等）：

**你需要第二意見！（時間允許，再找第三、四意見……）**

這時應該可以再尋求第二、第三位醫師的意見。很多治療決定後，就沒有回頭的機會。

## 轉診是大學問

你以為轉到大醫院就會活著回去嗎？

找錯醫院、去錯部門、搞錯時間、未帶任何轉診病歷摘要及初步檢查報告，或者病人生命跡象未穩定，結果就是：

**死路一條！**

我們的教育系統完全沒有教這件重要的事，許多民眾因而失去寶貴的性命，浪費了時間及金錢。

轉診的重點不是在帶轉診單到大醫院可以省多少錢這種無聊的政令宣傳，**而是縮短疾病被診斷的時間、減少重複檢查浪費的金錢及減少病患在轉診過程發生的危險。**

## 轉診的方法

不可以空手轉診！請攜帶：

**一、制式轉診單或醫師介紹信**

**二、病歷摘要或病歷影本**

**三、轉診前診斷、所有相關檢查報告（血液、尿液、細菌培養、病理影像報告、用藥紀錄……）**

轉診前要事先知道**被轉診的醫院、科別及看診時間。**

重症病患要等到**生命跡象穩定再轉院**，很多人在生命跡象尚未穩定時，被貿然轉送到大醫院，反而在路上會有生命危險。路途愈遙遠，危險性愈大。

**影印病歷及檢查結果是你的權利，醫療院所沒有什麼理由可以拒絕你！**（但，記得要付工本費。）

# 第二十三章　診斷書與醫師證明

## 醫師常開立的證明簡介

就醫證明：證明某人在某日有到某醫院就診，不含診斷及醫囑。

乙種診斷書：證明某人在某日有到某醫院就診，含診斷及醫囑。

甲種診斷書：用於司法或兵役用證明。

死亡診斷書：醫師在做完行政相驗後（驗屍確認身分、死亡、死因及死亡時間），證明某人在某年月日死亡，且詳列死因。

其他證明：殘障鑑定、外籍雇工診斷書……

一般最常用到的是**就醫證明**與**乙種診斷書**，多半為了請假或申請費用時需要；若需要一些特殊證明如甲種診斷書、殘障鑑定、外籍雇工診斷書……等，**要找相關疾病的專科醫師開立**。

## 診斷證明書上有什麼資訊？

基本資料：姓名、性別、身分證字號、地址……

病名：診斷名稱。

醫囑：**就醫日期及經過及醫師建議**。

## 眼見為信

**醫師是站在中立的角度上，沒看到就不能寫在診斷書上，有發生的就要寫入。**

學生甲：醫師，開一張醫師證明書給我。

醫師：**你今天有生病嗎？**我為什麼要開證明給你？

學生：我今天不想上學，不是花一百元就可以開一張證明書嗎？××診所都可以耶。

醫師：……

學生乙：醫師，我昨天沒去考試，可不可以開一張證明書，說我昨天重感冒，我真的有感冒啦，喉嚨痛又發燒。

醫師：抱歉，**你昨天並未就診，沒有病歷紀錄**，所以我沒辦法幫你開證明，我日期只能開今天的。

民眾丙：醫師，剛剛停車起糾紛和人家打架，你幫我開一張證明書，我要告他！幫我寫嚴重一點。

醫師：有什麼傷，多大的傷口，就**只能照我看到的來寫**。

民眾丁：醫師，我昨天被我老公打。你看，滿身是傷，請你幫我開一張證明書，說我被老公打，打成重傷。

醫師：對不起，我只能寫我看到的傷口，**我沒看到妳老公打妳**。

民眾戊：醫師，我的客戶很可憐，兒女都在美國工作，麻煩你開一張證明說他走路不方便，需要別人二十四小時照顧，我們要僱用外籍看護工照顧他。

醫師：對不起，他明明就自己可以走路。

民眾戊：他很可憐耶。

醫師：抱歉，那是他兒女的責任，我沒必要幫他們假造診斷。

**利用醫師的同情心做不合理要求，常見的惡劣行為如下：**

學生沒去考試上學要求醫師開立生病證明。

未上班或逃避司法判決，要求醫師開證明佯稱生病在家或有重大疾病。

詐病申請賠償補助或外籍雇工。

假裝沒病買保險：醫師不能故意欺騙保險公司。

要求醫師誇大傷害：明明看不出明顯傷痕，卻要醫師誇大傷害程度。

要求醫師加註傷害原因：例如家暴、傷害、車禍、跌傷……，但醫師並未目擊，所以就不能寫。

# 第二十四章　殺戮戰場，急診處……

為什麼要去急診就醫？

**恰好在沒有門診的半夜時段或休假日生病**：台灣的急診小兒科部門多半淪為上班族父母的夜間門診，幾乎都在看感冒及腸胃炎。

**門診醫師診斷出可能是急性致命性疾病**：中風、心肌梗塞、盲腸炎、腦膜炎、腸套疊……

**出現危及生命跡象的症狀**：意識不清、癲癇、呼吸困難、劇烈頭痛、胸痛、腹痛……

**外傷或大量失血**：燒燙傷、撕裂傷、刀槍傷、意外傷害骨折截肢、大量咳血、吐血、血便……

**生產臨盆。**

**急性精神疾病患者行為失控或暴力傾向。**

**暫時無法住院也無法在門診處理的疾病：**需要靜脈注射治療、輸血、排尿困難、嚴重便祕、嚴重腹水、更換管線如鼻胃管、氣切管、導尿管……

簡單說來有四種狀況最需要急診

**「劇烈疼痛、喘、意識不清及重大外傷。」**

**電影情節**

警匪槍戰後，出現一輛充滿高級急救設備的救護車，然後跳下一組有如霹靂小組的救護人員，迅速把病患搞定送醫。

別作夢了，等一下看看晚間電視上的社會新聞就知道，常見的救護車不過就是一部會發出警報的廂型車，裡面也只有擔架和氧氣筒。

快快送到醫院救命吧，來不及了……

### 真的很急的時候……

**送到最近的醫院**，很多情況要先維持生命跡象，要立即緊急處理，否則可能會有腦死現象。

當醫院沒有能力診治患者時，做完初步處理使病情穩定後，再轉送其他教學醫院。

## 民眾對急診的錯誤觀念

### 因為是急診，所以掛完號馬上可以就醫？

急診一樣要排隊，因為台灣民眾常把急診當門診用，急診常常人滿為患。

### 先掛號的先看診？

理論上是對的，但只要出現有生命危險的病患時，醫師會優先救治重症者。

### 一定可以住院治療？

急診的目的在維持生命跡象及做初步診斷和治療，**即便符合住院條件也不一定有病**

**床可住。**在教學醫院的急診處，因為重症病患太多，所以沒生命危險的病患穩定後，就會被要求出院再去掛門診；太緊急時，甚至轉院到你原本不想去的地區醫院處理，因為資源有限。

### 急診可以指定醫師看診嗎？

急診有值班醫師，但不能任意指定醫師，否則大家都不用去看門診了。更過分的是很多自認為VIP的病患竟然還指定特定醫師要立刻來急診看診，還要求急診處醫師打電話給高層……（那麼有辦法的人就自己去打電話吧！）

## 急診團隊的組成

小型醫院只有一至兩名醫師（內外科）值班及幾名護理人員。

大型醫院：設有內外兒科急診部門，其他科別醫師則是由內外科醫師用照會方式到急診治療病患。**年輕的住院醫師則是急診部的主力！**

急診已成為一門專科，大型醫院有急診專科醫師可以同時處理各科的急診病患。人力充足的醫院才有可能有各科的主治醫師在急診值班，所以在急診都看到年輕的面孔不要覺得奇怪，**各行各業中，愈凶險、愈累、壓力愈大的地方，或者是最偏遠的地**

**方，看到的都是菜鳥！**

在一流的教學醫院，第二年以上的住院醫師多半都已經實力堅強，經驗及技術一流，千萬不要有輕視的眼光。

**很多自認關係良好的病患，莫名其妙找來自己認識的「別科」主治大夫到急診處關切一下，通常不能發揮任何作用，只能打打官腔或和急診醫師禮貌寒暄一下而已，完全沒有任何功能。**

急診護理人員都非常嫻熟於準備急救設備、能快速打上輸液管線及準備急救設備，老鳥護理人員有時比年輕醫師更能快速解決急診問題。

## 不要輕視急診處的實習醫師

實習醫師在急診處有重要地位，可以在兵荒馬亂中協助問診、病患家屬做檢查及追蹤檢查報告。有多少酒醉駕車重傷及沒有家屬的病患，意識不清又吐到全身酒臭味，當他們需要做腦部影像檢查時，**都是實習醫師親自穿著厚重的鉛衣暴露在高放射線的環境下協助病患做檢查！**但很多民眾往往非常輕視、極排斥這些勞苦功高的尖兵。

**（虎落平陽：這些實習醫師常常都是大學聯考狀元、高中科學競賽冠軍、鋼琴高手、文學獎得主……）**

各行各業最不人道、最累的工作都是由菜鳥擔當，任何人幹到主管及老闆都會做同樣的事！所以，請不要濫用急診資源！慌亂動氣的家屬，繁重危險的工作加上菜鳥醫師就是醫療糾紛的溫床。

## 急診第一站：檢傷分類

病患送到急診後，第一件事是到急診篩檢站，值班護理人員會做兩件事：

**一、評估病患真的需要看急診嗎？**

若非急診病患（例如來看感冒），值班人員會「好言相勸」請病患去掛一般門診。**在台灣這件事是對牛彈琴，因為法律規定民眾自覺有看急診的必要，醫院就不得拒絕病患就醫。**

下一句話最有力，病患家屬：**「你能『保證』我的小孩明天早上在看門診之前不會有事嗎？若有什麼三長兩短，我就去告你！」**

**二、篩檢人員會評估急診病患的生命跡象、危險程度及所屬科別。**

確認需要看急診後，然後請病患家屬去掛號，將病患安置推床上推到急診所屬科別診間就診。

## 到底是疾病急還是個性急？

病患A：醫生，卡緊ㄝ啦！剛剛肚子好痛，血壓衝到兩百一，**快幫我打針降血壓！**

醫師：肚子痛？（幹嘛量血壓？）痛哪裡？有沒有吐或腹瀉？以前有高血壓嗎？

病患A：吐或腹瀉都沒有，以前血壓都很正常。

醫師：肚子很脹耶，腸蠕動很慢，你幾天沒大便了？

病患A：六天。

醫師：先照腹部X光。

十五分鐘後，醫師：你看，都是大便！護士小姐，麻煩幫他灌腸。

灌完腸，病患肚子就不痛了，血壓剩130/86 mmHg。

**為什麼一有不舒服大家都要量血壓？因為家裡只有血壓計。**

**買了血糖機後，就一天到晚戳手指測血糖。**

病患B的老公：醫師，快，快，我老婆呼吸好困難，快給她氧氣。

醫師：她有氣喘或心臟病嗎？

病患B的老公：沒有啊，她剛剛和我在吵架啦，後來就愈來愈喘，四肢僵硬、頭皮發麻，然後我就送她進來了。

醫師：呼吸正常無喘鳴聲，血壓正常，心跳略快，等一下先抽血液氧氣，然後給她一個塑膠袋罩在口鼻自己呼吸。

病患B的老公：她都那麼喘了，還罩住口鼻，會不會缺氧啊？

醫師：她氧氣太多了，這是過度換氣症候群。愈給氧氣會愈喘、愈暈。

病患B的老公：？？？

十分鐘後，病患B慢慢呼吸正常，一個小時後，帶著鎮靜劑出院回家。

病患C：醫師，我一直覺得我是一隻貓怎麼辦？害我晚上都一直睡不著。

醫師：……（挖勒），蜜絲林，幫我照會精神科醫師。

## 急診看診注意事項

原則上是先掛號先看，但一旦出現病危（大量出血或重大器官衰竭，如中風、心肌梗塞、呼吸道梗塞……等）或到院前已無生命跡象，急診醫師有權利先搶救病危者，請其他就醫者體諒醫師的處境！

急診不會只有一個病患，半夜或假日更是人潮洶湧，掛完號當然還是要耐心等待醫師看診，**但常常會聽到一些很「白目」的家屬說：「這裡不是急診嗎？為什麼掛完號不能馬上看？」**

## 小常識：急診處的「少女殺手」

以往菜鳥醫師剛開始要到急診處工作時，學長姐都會諄諄教誨一件事，只要遇到嚴重腹痛的少女，一定要幫她「驗孕」，因為有子宮外孕的可能！子宮外孕當胚胎破裂後，固著的胎盤會不斷在腹腔出血，若沒診斷出來當成腸炎讓她回家，可能就會一命嗚呼，出現醫療糾紛。

以往民風純樸，很少人會有婚前性行為，所以有性行為後不小心懷孕了，當然不敢給家長知道。當嚴厲的老爸帶著平時乖巧的女兒來急診處看腹痛，女兒打死都不會承認有過性經驗，所以醫師怎麼問都問不出真相。所以後來乾脆不用問了，直接驗孕比較快！

病患會騙人，檢驗不會騙人。

當然檢查有時會有偏差；但人是故意造成偏差的主因。

## 家屬應告知醫師事項

和看門診一樣，請告知醫師病人出現的症狀、症狀出現的時間、過去病史及有無服用慢性病用藥。

事實上，很少有家屬回答得出來！

所以有一件事很重要，就是告訴醫師，**這個病患以往有無在該醫院就診過？是哪位醫師的病人？**若有，請醫師調出舊病歷，醫師可以很快掌握病情。

**若時間許可，盡量到以往就診的急診處就醫。**

## 院外心肺功能停止

舊稱D.O.A.：Death on Arrival，到院前死亡。

現稱O.H.C.A.：Out of hospital cardiac arrest，院外心肺功能停止，表示到達急診時，已經沒有心跳及呼吸，**在醫學未發達的時代，已經算是「死亡」**，在現代，若搶救得宜，在腦死發生之前還是有機會將病人從鬼門關搶回，特別是病人本來沒有重大疾病的情況下。若病患早已久病纏身或施救時機太慢，則救回機會就不高，或可能留下嚴重腦部損傷的後遺症。

## 針對病危病患醫師的初步處置

有生命危險時，醫師會迅速進行急救，例如**心肺復甦術**，可能包括讓呼吸道暢通、維持呼吸、心臟按摩或電擊。在生命跡象穩定後，醫師可能為了維持病患生命跡象，會進行**氣管插管及接上呼吸器**、建立靜脈輸液通道，及接上各種監視器（心電圖、呼吸速率、心跳、血氧濃度等等）。病患病危時，家屬應該信任醫師，讓醫師可以趕快維持住病患的生命再來找尋疾病原因。

## 插管當然可以拔管

常在媒體看到急診醫師在急救後要幫病人插上氣管插管（endotracheal tube，醫師多半簡稱「On endo」）連接上呼吸器，家屬常常會很無理的拒絕，理由竟然是插了氣管插管後，以後就無法拔管了！

**插上氣管插管可讓呼吸道暢通，容易抽取痰液及異物，另外可以接上呼吸器使無法自行呼吸的病人得到氧氣的供給，預防腦部缺氧損傷，所以是非常重要的治療手段。**

病情穩定後，若病患可自行呼吸，當然可以拔管。病患需要插管是因為病情嚴重，而非插了管後病況加重，這是倒果為因。除非家屬放棄救治，否則應該讓醫師進行必要急救措施。

急救時氣管插管是從口腔插入，但有時因病情嚴重，氣管一時無法在短期內拔除時，醫師為了怕插管太久會傷到呼吸道黏膜，會考慮在喉嚨做**「氣切手術」**，形成一個人工造瘻，**插管本來從口腔改成經由喉部的造瘻口，就可以長期的使用**，這是病患及家屬要了解的狀況！氣切手術並不是因為病情緊急或惡化，而是為了可以安全的延長插管時間，讓呼吸道暢通。

## 非病危病患醫師的初步處置

若病患來急診時生命跡象穩定，醫師會如同門診一般先做初步診斷，然後開立檢查，包括抽血、驗尿，及影像檢查等等。急診的抽血、驗尿、X光結果出現的時間較快，可能半小時不到便可以看見結果，但特殊檢查則需要排隊，例如電腦斷層、核磁共振、內視鏡檢查……

**別以為只有病患家屬很急，醫師的壓力更大，因為等不到結果就無法作出診斷，醫師面對的是病患的生命及家屬的壓力，還有源源不絕的新病人湧入急診處！**

## 急診不是call in節目

醫師：「您好，這裡是台北××醫院急診外科部，請問有什麼事？」

家長：「我的小孩剛剛撞到頭，有些問題想請教你不知道可不可以？」

醫師：「對不起我們這裡非常忙，可不可以請把病人帶來急診？」

家長：「可是我住新竹，聽說你們××醫院的醫師最好，問一下都不行嗎？你們有沒有醫德啊？我的小孩撞到頭ㄋㄟ！」

醫師：「嗯，好吧，給你三分鐘……」

家長：「我的小孩五個小時前頭部撞到地板，一直喊頭痛，而且又有嘔吐一次……」

醫師：「若沒有單側肢體麻痺或意識不清，可能只有輕微腦震盪……」

家長：「腦震盪？好可怕，怎麼辦？」

醫師：「快帶去急診處給醫師檢查。」

家長：「可是現在小朋友還可以和他姐姐玩，有那麼嚴重嗎？」

醫師：「那先觀察一下好了。」

家長：「我還是擔心，你能保證他半夜不會有問題、不會有後遺症嗎？」

醫師：……

## 急診醫師的壓力

急診醫師看病沒有隱私權，要在眾目睽睽下立即診斷、立即回答問題、立刻處置。急診的診斷有急迫性，不像司法案件可以審很多年卻懸而未決。

為了給急診醫師一些冷靜思考的空間，病患家屬不要一直咄咄逼人，讓醫師在未深思熟慮下做出不正確的決定，以免害人害己。

## 要有睡在急診走廊上的心理準備

急診的新病人會不斷湧入，在一床難求的教學醫院，病患也無法順利住院，急診留置的病人會多到難以想像！

一般中型醫院空床較多，所以符合住院條件的病人在做完初步檢查治療後，很快可以轉至一般病房住院，此時急診處的壓力就得到紓解。

但教學醫院一床難求，非符合比較重大的疾病，一般教學醫院可能不會讓病患住院，這是相同疾病到不同醫院會得到不同處置的原因。例如食物中毒，在小型醫院有機會在病房靜養；在教學醫院就要有躺在走廊上度過很多天的心理準備。

好聽的演唱會一票難求，但不看也不會怎樣，而嚴重疾病一床難求可能就痛苦不堪，所以，**盡量不要濫用急診資源，小毛病應該盡量在有門診時間就醫，不要拖到半夜**

**或假日到急診受苦。**

有時急診醫師診斷出的疾病雖然並不嚴重，但需要住院或開刀時，而且開刀房滿線又無病房，應該考慮接受建議，轉診到中型地區醫院處理。因為**教學醫院並不是救命的保證，教學醫院的資源也是有限的！**

## 打電話諮詢和插隊沒兩樣

在電話中並不能看病，因為醫師根本看不到病患本人，怎麼做檢查？做診斷？怎麼開藥？

**病患既未盡掛號及付費義務，如何得到醫師診治的權利？醫師如果解說不完全，要如何負責？**因為連病患的影子也沒看過，也沒有任何病歷紀錄。

打電話去急診盡量詢問**有無提供診治項目或病床資訊即可**，疾病問題要醫師親自診治才不會出現疏失。

## 一種常見的急診糾紛原因

很多急診糾紛都是病患家屬認為醫師該做什麼檢查，而醫師就是不做，為什麼？

**醫師有那麼笨嗎？做愈多檢查當然對診斷疾病愈有幫助，但為什麼醫師不做？**

問題在，誰要付錢？在健保制度下，很多檢查都要符合規定，不符合規定，最後健保不給付，而且還被放大罰款，最後倒楣的是醫師，所以醫師當然在開立檢查時會有所顧忌。

更糟的是，若醫師向病患開口說某些檢查健保不給付，病患會覺得醫師或醫院趁火打劫！在半信半疑下，經濟情況不錯的家屬會願意付錢檢查，先救命再說。若經濟狀況不佳者，立即會和醫師起衝突。

## 每過一天都要感謝上帝……

舉例來說，遇到頭部撞擊的病人，不論醫師或病患家屬，最擔心的是腦部是否有損傷。當然，做一個腦部電腦斷層或核磁共振檢查就真相大白了。

但，世界並不是那麼美好，當病患就醫時若沒有出現局部神經症狀時（例如肢體麻痺、感覺異常、意識不清……），健保是不給付這個檢查的！所以，急診醫師常常很無奈地仔細做完不用錢的「理學檢查」（當然也很有價值），然後開一張頭部X光的檢查，拿回片子後很心虛的告訴家屬，「腦部……應該沒有問題……」

其實，問題可大了。

X光只能看到頭部的骨骼問題，根本看不到腦部組織，講腦部沒問題是很心虛的。

若後來病患也沒事，**北風北安全下莊，真是平時有燒香上帝有保佑！**

醫師若硬著頭皮在無局部神經症狀下做一張斷層或核磁共振檢查，結果一切正常，家屬好感激，但健保局的扣款加罰款下來，醫師可能就笑不出來了……

**故事當然還沒結束……**

**世界哪有那麼美好……**

**狀況一**

沒燒香的醫師：醫師告訴病患做完頭部X光後一切「正常」，過了一小時後，病患陷入重度昏迷。

事實上腦部有小動脈破裂，過一會兒出血量愈來愈大，於是出現嚴重神經學症狀，這時候就「可以照片子了」，準備開刀，因為已經耽誤了很多時間。

報上常出現的標題，家屬說：**「好好的人走進醫院，被醫師治療過後，結果抬著出來，再也沒有醒來。」**

**狀況二**

頭部受傷後，在急診處並未出現任何神經學症狀，連腦部核磁共振檢查也正常，結果回家一星期後，右側肢體慢慢麻痺，而且出現高燒。

因為腦部小靜脈出血，出血量小、出血速率慢，主要症狀在受傷幾天後才會發生。所以，從急診出院後，不要忽視還潛在著重大問題，急診醫師讓病患出院時交代的注意事項一定**要注意傾聽**。

## 沒有功能的家屬請離開！

急診的醫師診斷疾病及處置疾病都要非常明快。此時，需要家屬和醫師配合才能完成這個工作。這是人之常情，但醫師最怕下面的情況：

一、聞訊而來的家屬對病患的過去病史及服藥狀況一問三不知。

二、醫師有所重大處置時，沒有一個家屬可以做決定，或完全聽不懂，甚至只是一味哭鬧。

**三、每來一個新的家屬，就重新再問一次病情，醫師對這種「車輪戰」不勝其擾。**

以前常看到很多急診醫師受不了後，會對家屬怒吼：「沒有function（功能）的家屬請離開！」

## 病患家屬在急診的分工合作

**「有功能」的家屬代表站出來：**找出家族中有**「決定權」及「頭腦清晰」**的代表和醫師溝通，省卻醫師反覆說明及面臨無人可以做決定的困境。

**家屬要分工合作：**有人負責和醫師溝通、有人陪伴病患及協助醫護人員做檢查、有人負責掛號買醫療用品及日常用品。

## 急診是天助自助者的地方

急診的人力很有限，醫師也在高壓環境下做診斷治療，所以病患家屬要記得下列事項：

醫師多半要再做一些緊急檢查才能判斷病情，抽血可在診間內完成，但**照X光片或電腦斷層、心電圖、超音波，及驗尿等檢查，都要家屬自行推床去做檢查**，必要時可請急診處志工幫忙。檢查結束後，醫師會請病患到暫留室觀察等待報告。

重點來了，家屬記得在做檢查前向醫師詢問檢查結果何時會出來，可能是十五到三十分鐘後，**時間到時「主動」詢問醫師檢查結果。**

教學醫院急診人潮洶湧，醫師看完診後還要去追檢查報告，有時會有所疏漏！**若發現醫師提及的檢查或治療仍沒做或仍沒結果，要不斷去提醒醫師，免得成為急診孤兒。**

## 急診的處置

較輕微的疾病多半可以暫時留在急診觀查及治療，病情穩定後可以領藥出院，日後再回門診追蹤。

急診只是處理緊急狀況，所以，**醫師只能開立三天的藥物**，需要繼續治療仍要回到一般門診。

需要住院的內科系疾病病人，在醫院有空病床的狀況下才能立即住院，否則，可能必須轉診到其他醫院住院；或者，若病情穩定，先在暫留室停留做初步治療，等待空病床出現再住院。

### 急診須緊急開刀的病患要注意的事項

**有外科系空病床醫師才能答應手術，因為不可能讓病患開完刀住在病房走廊上，**像腦部或心臟手術，甚至要有加護病房才能答應施行手術。

醫院都有常規的手術要做，所以不可能排很多組醫師開急診刀，所以，**即便是急診刀，仍可能要等待很久才能接受手術**。急診醫師若認為病患狀況緊急而無法等待，可能會要求病患轉診至其他醫院。**某些手術並不是每家醫院都有能力施行**，例如剛剛提及的腦部或心臟手術，這時候就要轉院到有能力手術的醫院進行。

## 急診的哲學

### 不要在需要別人幫忙的地方和別人起衝突！

登高山、出國遠行或戰場上，都是危險而且常常需要他人幫忙的地方，若得罪了別人，雖爭得一時之氣，但在陷入危險之後恐怕孤立無援！

急診處是醫師及病患家屬都壓力非常大的地方，醫病彼此協助才能化解危機，一時的動氣只會容易喪失性命及造成無窮的糾紛！

### 急診的江湖道義

急診處是「和平飯店」。**任何江湖恩怨請在急診大門以外解決**，請不要帶到急診處，急診是治療病人的地方。

恩怨在外面解決後，急診處永遠會敞開大門幫忙收拾殘局。

## 留意誰是幫你看診的醫師

急診處人員進出眾多，但一定要記住誰是你的診治醫師。

急診醫師和護理人員會有換班的情形，所以當醫護人員交班工作時，要記住新的醫師及護士長相甚至是他們的名字，有需要幫忙時才知道向誰求助。

## 注意門診急診處的小偷及騙子

急診處是開放空間，二十四小時都有大量人員進出，常常會有不明人士混雜其中。看到不認識的醫護人員要注意其服裝及識別證，很多歹徒會偽裝成醫護人員進行詐騙。

很多詐騙集團常常出現在門診及急診處，可能利用病患家屬焦慮的狀態施行詐術，例如可以幫你找到特殊管道住院或找某醫師主治，或推銷奇怪的特效藥及健康食品。

急診是開放空間，比病房更沒有隱私權及密閉空間，是一個竊賊容易出沒的地方，所以身邊財物要小心，特別是在沒有家屬陪伴的情況下。

# 第二十五章　住院的方法

## 為什麼要住院？

常見需要住院的原因如下：

**需要連續多天非口服治療方法**（如靜脈注射抗生素、化學治療、放射線治療）**的疾病**：例如肺炎的抗生素治療、淋巴癌的化學治療、前列腺癌骨轉移的放射線治療。

**需要調整特殊藥物的疾病**：例如口服藥物控制不良的糖尿病患改成皮下胰島素治療。

**需要密集特殊檢查方法的疾病**：例如不明原因發燒。

**需要手術的病人**：例如盲腸炎、肝癌切除、車禍開放性骨折。

**生命跡象不穩定的病人**：例如心肌梗塞、中風、嚴重氣喘……等。

**非生病狀態**：自然生產。

## 住院的迷思

**醫院其實是個「急性」醫療機構**，所以民眾常常覺得身體不舒服就應該去醫院「休息一下」或去做一下「全身健康檢查」，這種理由醫師是不會收住院的，特別是在健保的規範下。

住院是有期限的，有些慢性情況並無法一直住院，而要考慮**療養院**、**中途之家或社區醫療機構**，比如：生命跡象穩定後的癱瘓病人、精神病患、洗腎（血液透析）病患、用呼吸器的病患。

## 住院的管道

### 常見住院的管道

**門診**主治醫師認為病患有住院必要，會通知該科病房總醫師將病患納入住院名單，等病房有空出時，會打電話通知病患住院。

**急診**暫留觀查病患，該科病房總醫師會在每天清晨當有病患出院空出床時，將急診病患轉至一般病房；或急診手術後可以住進病房。

**生產住院。**

## 媒體經常誤導的空床資訊

很多教學醫院一床難求，媒體經常報導病房仍然有空床，而醫師隱匿不報，讓急診病患無法住院，甚至鼓勵病患自行到病房查有無空床。

事實上，**病房的空床，有些是隔天排定住院病人已預訂，並不是看到空床就可以立即入住。**若被急診病人占了，表定住院病人隔天豈無房可住，治療及手術都無法進行，急診病人此舉形同插隊。各科的空床資訊只有該科的病房總醫師及院方知道，也不是任何醫師可以隨便安插床位。

若不是非常特殊的疾病，並不一定要擠到教學醫院住院治療，很多地區醫院反而有空床資源，可以減少等待及立即治療。

台灣的醫療資源非常不透明，因此，民眾也很難事前知道急診病患該往哪家醫院送；急診醫師在轉介病患時，亦會有同樣的困擾，急診的事務已經非常繁重，還要分心幫病人找尋可用的醫療資源，壓力非常大。政府應該想出一個辦法讓醫療資源透明化，才能解決病患及醫師的困境。

# 非正規住院管道

台灣是個特權仍然盛行的地方，只要「有關係就沒關係」，大家既重視又畏懼的是一通電話可以解決問題的「有辦法的人」！

可能的有辦法的人：高官、民意代表、醫院高層。

**事實上不太有辦法的人：該院的醫護人員。**醫護人員其實都知道彼此的困難，因此不太想麻煩別人而欠人家人情。若你認識的人剛好是要住院的那科醫護人員，多半對方比較願意幫你打聽詢問；若完全不同科別，則往往會造成你朋友的困擾，例如你的朋友是眼科的醫護人員，而你叫他去打聽泌尿科的病床。

**很多靠特權插隊住院的人，往往得了便宜還賣乖，住院後一直以我是某某人的親戚自居，非常令人厭惡，而他的醫護人員親戚朋友也會非常尷尬，惹人非議。**

**社會本來就是不公平的**，當你的社會地位高到某個地步，就會發現很多「祕密通道」，看門診不必大排長龍，想看誰就看誰，住院也會有一個與世隔絕的空間，出院時記者也堵不到你。

## 病房種類

### 以保險給付區分

#### 健保床

不必補病房差額，所以**經濟負擔最少**。通常每間病房會有三位病人以上，空間較為狹小，陪病家屬能休息的地方也很局促。醫院為了民眾需求及考慮收入的關係，不可能讓每間病房都變成健保床，所以健保床的床位是有限的。

就算是有健保，因為住院是一筆很大的開銷，所以健保床多半一床難求。一般的建議是，若疾病很緊急，先住院治療再說，然後再**向病房書記或護士**表達想換健保床的意願，待有健保床病患出院時，再轉至健保床，減少住院的開銷。

#### 自付差額病床

住院每日需要自付差額，換得較大的空間。較便宜的是只有一個室友的兩人房，或最高級的單人頭等病房，有較多的空間、日用品、房內家具等等，但必須負擔每日較昂貴的差額。

經濟能力許可，當然以單人房最好，但經濟能力有限時，應該詢問醫師到底可能住院的時間會有多久？若住院時間很短（例如自然生產），就奢侈一些讓病人住較好的病房，若可能曠日費時，則要考慮較折衷的兩人房或健保床。

以功能分

**普通病房**：收住一般穩定的病人。

**隔離病房**：有高度傳染性的病人（如開放性肺結核）或某些接受放射線治療的病人（甲狀腺亢進接受放射碘的治療）。

**加護病房**：病危需要全天被監視生命跡象的病人（如剛做完腦部手術、心導管的病人）。

## 住院的準備工作

住院除了檢查治療，其他生活和住旅館沒有兩樣，所以住院前要把簡單的日常生活用品帶去醫院。

一個人是無法住院的，家屬的陪伴是很重要的，家人要事先分配照顧的時間表；在主治醫師及住院醫師查房時，最好重要家屬要在現場，才能了解病情及做出重大決定。

現代工商社會及小家庭，幾乎大家都要工作或就學，所以當病患需要長期住院，這時就要考慮**申請看護來照顧病患**。

照顧病患記得男女平等，不要把責任全推到女性家屬身上！

## 小常識：住院可能遇到的事……

電視連續劇中，不論貧富貴賤都是住單人床，其實那是不可能的，因為擁有較大空間或較私密環境的單人房每日所費不貲，健保其實已經負擔大部分住院醫療支出（這是健保很大的貢獻），所以若在生病時還需要較大空間，可能要靠自己的經濟實力或買私人醫療險。

住院並不是觀光旅遊，所以住在兩人以上的病房，有些事情可能不是你住院前所能想像的，例如必須忍受其他病患發出的咳嗽清痰聲音、呻吟聲、意識不清病人大聲吼叫、走動發出的聲音、訪客談話的聲音、監視器或呼吸器發出的嗶嗶聲、開關頭燈、排泄物味道、浴室廁所須排隊、擔心隔壁床的疾病是否會傳染過來、擔心隨身物遺失、陪病家屬休息空間狹小及隱私權的不足……

有時候，若隔壁床病危急救，一大群醫護人員在施行心肺復甦術、電擊及插管等急救動作，沒見過大陣仗的病人會嚇出一身冷汗，擔心自己是不是下一位被閻王召見者？

靈異傳說就不要再講了……

住院的報到

病房都會有一個櫃檯，有一位書記負責病房的行政會計工作，所以住院後先要向櫃檯報告，然後書記會通知該病床負責的醫師及護士。

護理人員準備好病床後，就可以順利入住，然後護理人員會做環境介紹，發給衣物及簡單日常用品。

## 住院時一定要認識的人

和病患關係較密切的有：**護理人員**、**住院醫師**、**主治醫師**、**病房書記及工友（阿嫂）**。

護理人員

直接照顧病患的護理人員是住院時最重要的人物，一定要好好的合作及配合。**病患的任何需求及疑問應該直接向護理人員反映**，才能快速得到解決。

病患的症狀變化及生命跡象（血壓、心跳、呼吸、體溫、進食、大小便次數……等）都是由護理人員做記錄，並同時會回報你的住院醫師及主治醫師。

**護理人員是治療的執行者**，所以發藥、注射藥物、更換管線、清潔消毒工作都是由護理人員執行，其地位非常重要，工作也十分辛苦。

一般護理人員工作為三班制，白班人員較充足，小夜班及大夜班則人數遞減。**所以有什麼需求盡量在白天提出，因為夜間護理人手較為不足。**病患並不會只有在白天才會不舒服，所以大夜班護理人員是非常辛苦的。

**還有一件事不要懷疑，病房「粗重的工作」（搬東西、清潔器械、換床單、推機器……）幾乎都是護理人員在做的，而不是年輕力壯的男醫師；就像這世界上的糧食及農作物幾乎都是由女性種出來的。**

## 住院醫師

住院醫師是教學醫院的病房中最重要的醫療計畫決策者，重病患住院後，檢查及治療的安排都是由住院醫師來策劃，至於相關的治療計畫，住院醫師會和病患的主治醫師討論。護理人員聽到病患的需求，也都是最先向住院醫師報告而立即可以反映及處理。**所以教學醫院的住院醫師是照顧病患的主力部隊。**

**地區醫院往往沒有住院醫師的編制（或招收不到），所以主治醫師變成直接照顧病患的醫師。**但主治大夫還有門診、會議及手術房的工作，反映問題的速度比不上有住院醫師的教學醫院，此時護理人員的地位相對更為重要。

## 主治醫師

**主治醫師是病患治療計畫的最終決策者，所以負責病患醫療的成敗。一般來說，病患是直屬於某個主治醫師**而不是住院醫師。

一般病人若經由**門診住院**，則病房負責照顧的主治醫師就是其**原來門診的醫師**；若由急診處住院，而原來並無在門診看固定醫師，則該月病房的輪班主治醫師便是病人的主治醫師。

主治醫師多半有非常多的門診、檢查、手術、教學、研究及會議，不可能會一直出現在病房中，所以病人的狀況通常要由護士或住院醫師向上回報主治醫師，經討論後再做決定。

主治醫師大部分會在病房醫師晨會（morning meeting）後和住院醫師及實習醫師查房（大約在上午八點至九點），或在門診結束或手術後查房（大約在下午五點至六點）。若有重要問題須請教主治醫師，請把握主治醫師查房的時間，否則就要請護士或住院醫師代為轉達。

## 總住院醫師

其實總住院醫師（總醫師）的功能主要在**行政及教學工作**，並且在主治醫師不在病房時，協助住院醫師處理棘手的病患，特別是在夜間或主治醫師有其他要務時。

病床資訊其實只有病房總醫師知道，**但掌握病床支配權的是該科主治醫師及院方，並不是總醫師**。

再說一次：總醫師不是最大或最重要的人！他只是住院醫師訓練最後一年的行政頭銜。每個受完住院醫師訓練的人都有當過總醫師，說真的，並沒什麼了不起！

所以沒當過總醫師大概就是訓練中途被……

以後別再被媒體誤導什麼人當過××醫院總醫師好了不起。總經理上面當然還有董事長，總統上面當然還有老百姓。（如果你信的話）

## 病房書記

書記的工作主要是**會計**及病房入出院的**行政**工作，入院要向書記報到，住院中的換房、出院時需要的證明及繳費帳單也都要向書記申請。

### 工友

工友多半由女性人員擔任，所以一般暱稱「阿嫂」。阿嫂的工作非常重要，舉凡病房常用物品補充，檢體、藥物及病患運送（如推床到其他單位做超音波、核磁共振、手術房），都要她們來幫忙，才能在這迷宮般的醫院很快完成工作。

## 住院不是一天兩天的事

住院不是一個人的事，病人因為患病而行動不便或生活無法自理是司空見慣的事，所以上下床、大小便、吃飯、服藥、翻身都需要旁人幫忙！

記住，可能連大小便都要在床上完成，所以，照顧病患是一件非常辛苦的事。若病患在一週內可以出院，而且親戚眾多，此時大家可以分工合作輪流照顧病人；一旦住院時間曠日費時，麻煩就來了……

### 為什麼需要看護？

工商社會幾乎每個人都需要上班上課，或者家中另有幼兒須照顧，不太可能有人可以請長假照顧病人，因為請假代表又少一份收入！

照顧病人是一項專業，沒有人天生就擁有護理技能。生手照顧病人，不只非常累而且常常錯誤百出、挫折感大，很快就會厭倦這個工作。

養兒方知父母恩，照顧患病的父母才會了解知道服侍別人三餐、排泄物、洗澡、行動是多麼辛苦。當病患有久住的可能性時，就要考慮聘請看護來分擔照顧病人的工作。

## 向看護致敬

你可不可以想像從早到晚就待在一個小小的空間，幫一個病患換衣服、擦澡、忍受惡臭在床上處理排泄物、抽痰、協助翻身及上下床……這樣的工作，就是看護的工作！

**看護犧牲照顧自己父母的機會、和自己配偶子女相處的時間，來照顧你的父母、配偶或子女。**甚至很多是飄洋過海而來，只是為了一份很微薄的薪水。所以面對看護請多懷有一份感佩的心情。我們的社會常常看高不看低，其實很多人物都是非常可敬的。

## 敦親睦鄰與容忍是美德

若不是住單人房，就要有和隔壁床病患及其家屬或訪客共處的心理準備。多人房空間狹小，很多公共設施要共用，也要忍受鄰床病患及家屬產生噪音、活動、談話、異味……等不愉快的經驗。

同樣的，鄰床病患及家屬也可能變成談話的好對象，告訴你有關醫院環境、規定、八卦……，或為彼此的病情打氣（原來世界上還有人比你更慘……），使住院不會變成非常無聊。有時候當病患出去檢查或散步時，鄰床可以幫你注意有無訪客或宵小侵入，因此住院時，大家應體諒彼此的困境，彼此互相協助度過難關，因為相逢自是有緣。

## 住院的例行公事

**問診及理學檢查**：護理人員、實習醫師、住院醫師都會來詢問病情。

**主治醫師或住院醫師開立處方**，然後開始特殊檢查、治療或手術。

**常規檢查**：包括血液生化檢查、尿液、糞便、心電圖及胸部X光。

**護理人員會定時測量脈搏**、**血壓**、**體溫及呼吸頻率**，並給予藥物或告知病患檢查或手術時間。

有非該科疾病時，醫師會照會其他科醫師會診，例如開刀前有血糖不穩的情形，會照會新陳代謝科醫師調整血糖。

有些病患在住院前就有服用一些**慢性用藥如降血壓藥**、**降血糖藥**，**在住院時要帶到醫院給醫師參考**，由醫師在病房繼續開立處方使用，不必再到門診開藥。（住院期間就

不能持健保卡再去門診拿藥）

有調整飲食必要時會照會營養師；有經濟或照顧問題時可照會社工人員。

有些人你在住院時見不到面，但他們一直在關注你的健康，那是**臨床藥師**。當藥物使用有問題時或藥物濃度需要監控，臨床藥師都會和你的醫師做討論及建議。

## 某教學醫院住院醫師的一天

**上午六點至七點**　從值班室被挖起來後，幫病患抽血（護理人員或醫師）。

**上午七點至九點**　科會或晨會，年輕醫師報告病患的情況及讀書心得，若你無聊經過病房教室，常可聽到你認為天之驕子的小住院醫師正被教授或總醫師罵得狗血淋頭。

別以為主治醫師很難在病房見得到，他們常常為了病患的診斷及治療上的不同意見而針鋒相對或互槓。

**上午八點至九點**　主治醫師查房，穿長白袍的主治醫師帶所屬住院醫師及實習醫師查房，病患如果有什麼重要問題要請教主治醫師，要趁這時候。（有些主治醫師在傍晚才會查房）

若發現查房時醫師陣容特別龐大時，就是該科主任在查房，**主任查房其實教學的意味較濃**，病患家屬請教主任時不見得可以問出什麼問題核心，一般的疑難雜症還是要詢問自己的主治醫師及住院醫師。

**上午九點至中午十二點**　主治醫師去看門診、開刀、開會、研究室；住院醫師開始幫病人辦理出院、接新住院病人、再度查房、幫病患換藥、開處方及檢查。

**中午十二點至下午一點**　運氣好的話可以到餐廳好好吃頓飯。開刀房及急診室的醫師則是輪流出來吃已經冷掉的便當。

**下午一點至兩點**

**日本、韓國或偶像劇：睡午覺或到醫院屋頂解決三角戀情……**

**台灣：讀書報告、臨床藥品討論會、xyz會議。（打瞌睡時間）**

**下午兩點至五點**　繼續開刀、查房、處理住院的病人。

**下午五點至六點**　交班自己的病人給值班醫師，然後，下班？**別傻了，先把病危的病人搞定再回家**，晚上病房只剩一位醫師值班，有責任的醫師不會把爛攤子留給別人處理。所以天曉得幾點才能下班？

**下班後**

**日本韓國偶像劇：和空姐、名模開聯誼會吃大餐，不小心會看到松嶋菜菜子……**

**台灣：作夢，薪水那麼少，假期那麼少，不修邊幅，誰要和你約會？認命吧，明天晨會又要讀書報告，不念書又會被教授電得吱吱叫！**

### 那個值班住院醫師還沒結束

**晚上六點至七點** 向總醫師報告病房概況，和總醫師查房，先搞定病危的病人。

**晚上七點至十點** 因為急診處人手不足，每兩個病房派一名值班醫師到急診工作，所以其中一個值班醫師變成要同時管理兩個病房；另外一個到急診處作戰到晚上十點。

**晚上十點至隔天上午七點** 在病房處理病患問題及接新入住的急診病人。運氣好可以好好睡一覺；運氣差一點的就會碰到很多病危病人，請繼續工作到天亮……

**隔天上午七點** **值班補休？作夢，請繼續上班，因為開晨會了！**

**以後請別再向醫師請教「養生之道」**，花容失色、一頭亂髮鬍渣及兩眼無神是住院醫師的「常態」。

護士：陳醫師，為什麼你半夜一直起床離開值班室？

陳醫師：我……，攝護腺肥大！高興了吧。

### 生不逢時

即便如此，十多年前，我當住院醫師時根本也沒有值班費……

年輕主治醫師：我們以前也都這樣過來的啊！

老教授：我們以前當住院醫師可是連薪水都沒有的唷！

小醫師：可是……以前你們可以在院外兼差，我們只能被迫領不開業獎金。

## 為什麼在病房要找到醫師的蹤跡很難？

過多的行政工作。光是花在這些工作上，病患可以分到的時間就少得可憐。

主治醫師：開會、開刀、門診、研究室、檢查室、準備醫院評鑑……

住院醫師：處理出入院病患、開處方檢查、開診斷書、撰寫住院病歷、出院病歷摘要、準備讀書報告、準備考試、開會……

醫師若不多看病患就沒有收入；若不花時間在研究上就無法升等。服務與研究教學常常很難兼顧，但現行醫院生態就是如此。

### 住院醫師的交班

兩個狀況下，照顧你的住院醫師會換人：

下班時間及假日，由值班醫師負責。

月底時，住院醫師會輪調到其他工作單位，改由其他醫師負責繼續照顧。

主治醫師原則上是固定的。護理人員為三班制，白班、小夜、大夜班負責照顧的人都不同。

## 照顧病患的家屬應該注意的事情

**病人的主要照顧者為護理人員、住院醫師及主治醫師。**下班時間及假日都是值班人員，可能對病患的了解度較不足，所以有治療計畫的問題盡量在白天提出。

把握醫師查房時間提出重要問題，若很多家屬想了解，最好和醫師約好時間一起開會討論。**家屬之間也要「交班」病情，同一件事不要一直重複由不同的家屬提問，醫師沒有時間讓家屬一直用「車輪戰」的方式詢問。**

護理人員會告知檢查、治療計畫及給藥，請家屬配合記錄飲食、收集排尿、糞便、痰液檢體及牢記抽血前禁食資訊、注意何時要檢查、注意患者有無服藥。

病患若有注射點滴（靜脈輸液），要注意點滴注射完畢時，應立即通知護理人員更換或移除。若注射處出現腫痛現象，應該也要通知護理人員停止注射，觀查**靜脈留置針（軟針或頭皮針）**是否已使用天數太久，使靜脈發炎或已經漏針（注射處立即腫大疼痛、點滴不能順利滴下）。

**病患出現不適的症狀要立即通知護理人員**，較重大的問題出現時，護理人員會通知醫師到現場處理。

## 住院時在能力許可下盡量作息正常

住院因為多處於休息狀態，往往很多病患在白天也進入睡眠狀態，反而到夜間不能入眠。這種日夜顛倒的情況十分常見，若再加上焦慮或憂鬱的情緒，會出現很嚴重的睡眠問題。

住院時，也能盡量在白天進行日常活動，例如散步或閱讀，這樣夜晚才不會有睡眠障礙，讓照顧者也可以在夜間得到休息。

## 我會被傳染嗎？

我們都知道醫院的病菌很多，能不去醫院就盡量避免，若真的非去不可，戴上口罩及勤洗手是最簡單的保護方法，但，不得已需要照顧病人時，會不會很容易受到感染呢？

實際上，除了一些傳染力強的法定傳染病（例如肺結核）外，大部分病患的感染症是因免疫力下降引起的**伺機感染**（opportunistic infections），傳染力並不強，反而是**照顧者身上的細菌，對病患是很大的威脅**。因為病人處於免疫力不佳及營養不良的狀況，一般不會感染正常人的細菌會伺機而動，對病人來說非常危險。所以照顧者還是要把握戴口罩勤洗手的原則，以保護自己及病人。

**感染性**疾病不一定就具有很強的**傳染力**！特別是在伺機感染的狀況下。

## 為什麼要吊點滴？

靜脈輸液：**俗稱吊點滴、吊大筒ㄝ**。

靜脈輸液的目的：

**無法進食時，藉由靜脈補充水分、熱量或營養素**，可以比消化道更快速補充體液及電解質，所以在**高燒、腹瀉、嘔吐及無法進食的情況下**接受靜脈輸液治療會很快退燒（因為水的比熱很大）及恢復體力，這是為什麼很多人喜歡打點滴的原因。

為了特殊的治療，某些藥物不能口服也不能快速注射入靜脈，因此加到點滴裡慢慢滴注至靜脈中。

## 住院一定要打點滴嗎？

想想看，打點滴時如何換衣服？如何大小便？如何洗澡？如何散步？所以，住院並不一定要打點滴！例如心臟衰竭、肝硬化或腎臟衰竭時，輸入過多體液反而對身體有害，會造成更嚴重的浮腫或呼吸困難；糖尿病患突然輸入含糖分的點滴，也會使血糖快速上升。

## 民眾對點滴的錯誤觀念

### 打點滴就可以不必吃飯或正常進食？

點滴裡絕大部分都是水，就算打一瓶500c.c. 5%的葡萄糖液，**熱量也比不上一碗白飯**；就算加了很多電解質、礦物質及維生素，**營養成分比不上一頓正餐**。點滴只能救急，長期使用一定愈打愈瘦。

### 有顏色的點滴比較補？

點滴內的成分和顏色沒有必然關係，常見的金黃色點滴事實上只是加了1c.c.的維生素B群。維生素B群有特殊的氣味，很多病人幫它取了一個諢名：蒜頭精，其實和蒜頭沒啥關係。

很多節儉的阿公阿媽要親眼看到點滴滴完才依依不捨的要求護士拔針，因為「很補」。

## 病人最害怕的事

### 找不到血管

抽血及注射靜脈留置針（軟針、頭皮針）是病人最害怕的事，原因有二：第一個原因很簡單，怕痛；第二個原因是，**不一定一針就抽到血！**

一般來講，抽血的技術除了新生兒較難施打，其他的年紀多半很少會難倒醫護人員；但**打靜脈留置針難度確實較高。**

很難被打上靜脈留置針的特殊族群：

**新生兒**：血管小，血量少，常常需要小兒科資深住院醫師才打得到血管。

**老人**：看得到血管卻打不進去，因為很多靜脈都已經硬化阻塞了。

**脫水或休克**：缺乏水分及血壓低，所以血管都萎縮了。

**好命麵龜手**：一般命相學上有提到，雙手若青筋外露（靜脈粗大鼓起）就是勞碌命

（我就是……）；而有一種「吃好做輕可」的好命人（常常是貴夫人），一雙纖纖玉手就是看不到血管，偏偏這些人就是很「惜皮」，怕痛得要死，又愛抱怨，血管又超難打。若你天生好命，擁有一雙像麵龜一般白胖無血管的手臂，麻煩請保持身體健康。因為住院時每三天就要換一次靜脈留置針，保證你和醫護人員都會發瘋。

## 長期靜脈留置導管

有時候真的找不到血管，但需要長期靜脈注射治療，且怕漏針（例如化學治療）時會有嚴重局部併發症，醫師會考慮在頸部、鎖骨下或腹股溝打上**中心靜脈導管**（CVC，**central venous catheter**；因為此導管又可以測量中心靜脈壓力，所以醫護人員多半稱此導管叫CVP，central venous pressure），在未感染的情況下，可以使用一個月左右。

若需要好幾個化學治療療程，一再打中心靜脈導管太麻煩，醫師會在病患皮下埋入**植入式人工血管注射座**（Port-A），可重複使用且比較不會有感染的情形。

## 小孩打針時的親情倫理肥皂劇

很多家長在醫護人員幫小朋友抽血或打靜脈留置針時，**不但不幫忙，反而積極扮演騷擾的角色**。當好幾位醫護人員幫忙固定好躁動的小朋友後，醫師正準備抽血時，媽媽會在旁邊碎碎念：

「唉唷，怎麼血管找那麼久？會不會很痛？小明，不要怕，媽媽會保護你，這些是壞叔叔唷！唉唷，我不敢看……怎麼沒打上？你們也打太久了吧？到底要打幾針？血流出好多耶！為什麼要抽那麼多呢？可不可以抽少一點……」

醫護人員心裡：「×的，要不然妳自己來打！小孩是妳生的。」

結論是，**當小孩需要打靜脈留置針或做特別侵入性的治療時，父母親請迴避，阿公阿嬤更是絕對禁忌！**別在旁邊騷擾醫護人員的工作。真正是「生雞蛋無，放雞屎一堆」。

**小常識：「針」高竿！**

住院時，你常常會聽到某人的外號叫「趙一針、錢一針、孫一針、李一針……」，表示這個人是擅長打靜脈留置針的高手。

## 龍骨水

當醫師在高燒病患的呼吸道、泌尿道及消化器官找不到感染源時，就要懷疑是中樞神經感染，此時就要抽取病患的**腦脊髓液**（簡稱CSF，Cerebrospinal fluid），來找到中樞神經感染的證據，若是有明顯感染跡象，要趕快做細菌及黴菌的檢查，盡快使用抗生素，否則會有生命危險。

腦脊髓液是用細針插入脊髓腔引流，而不是用抽的。幼兒抽腦脊髓液事實上很簡單，用一小支針頭很快就可以引流出來；成人則需要用較細長的針及熟練的技術才能引流出腦脊髓液。一般說來，除非腦壓太高是禁忌症，否則抽完腦脊髓液只要臥床休息及補充水分，並不會有特殊的不適或後遺症。腦脊髓液是身體循環的一種，身體會源源不斷地再造。民間多半以「**龍骨水**」稱呼腦脊髓液，所以有很多以訛傳訛的說法：

龍骨水很寶貴，抽了以後小朋友會變笨。（**其實是腦膜炎耽誤了治療黃金時機而影響到腦功能**；或者，本來就不是如同家長想像的聰明？）

抽了龍骨水後，以後就會一輩子腰痠。（其實誰不會腰痠，這只是一個藉口，其他的腰痠藉口也很多：月子沒坐好、婦科手術做了脊椎硬腦膜外腔麻醉……，反正都是醫師弄出來的毛病。）

## 化學治療與放射線治療（電療）

某些藥物或放射線的作用對人體細胞傷害較少，但對癌症細胞傷害較大時，就可以運用在癌症的治療。利用藥物注射達到殺死癌細胞的方法叫做**化學治療（簡稱化療）**；利用放射線殺死癌細胞的方法叫做**放射線治療（俗稱電療）**。

化學治療或放射線治療可能是主要的癌症治療方法，或者當作輔助療法或第二或第三線療法。

**第一線治療**

有些癌症不適合用開刀的方法治療，例如某些淋巴癌或白血病就要利用化療治療，或鼻咽癌要利用放射線治療。

**手術後輔助療法**

有些癌症如乳癌或大腸癌，即便手術後，因為怕癌細胞早已轉移，所以手術後還要再加上化學治療，盡可能將體內殘餘的癌細胞殺死。

**第二線治療**

有些時候癌細胞早已轉移到全身，此時已經無法用手術治療，此時治療的目的在延長生命或舒緩症狀。例如發現胃癌已經末期，可能先考慮化學治療。

**紓解症狀**

例如肺癌轉移至腦部或骨骼產生的神經症狀或疼痛，要考慮用放射線治療來舒緩疼痛。

## 到底要不要接受化學治療或放射線治療？

不論化學治療或放射線治療，對身體分裂快速的細胞例如口腔黏膜、腸胃道、皮膚及骨髓造血細胞都可能造成嚴重傷害，所以當你的醫師考慮這兩種治療方法時，你要先了解治療的目的為何。

**若當作第一線治療或手術後輔助療法時，排除可能危險性後應該要盡量配合醫師的建議，因為此時治療的目的在爭取「治癒」的機會。**

若當作第二線治療時，就要考慮延長壽命及生活品質的「價值考量」，到底值不值得為了延長壽命而犧牲生活品質？

腫瘤轉移至骨骼或腦部的情況下，電療可改善症狀，但對組織的傷害並不大，在改善生活品質的考量下，要考慮接受醫師的建議。

### 小常識：保守療法（支持性療法）

病因明確而且已經有有效治療及控制疾病方法時，我們使用的治療方法稱為積極性療法，例如手術切除乳癌或闌尾炎、利用抗生素治好中耳炎或尿道炎、用藥物控制血壓及血糖。

保守療法用於某些疾病並無有效療法（特殊病毒感染如SARS、某些病毒性腦膜炎或登革熱）、或積極療法太過危險（腦幹出血）、或價值考量（惡性腦瘤開了後可以多活六個月，但開完可能半身不遂或昏迷不醒）。保守療法一般又叫支持性療法，醫師只提供病患必要的營養、體液及症狀治療，靠病患的免疫力及修復能力自行恢復正常（一般俗稱出現奇蹟）；或者只是減緩病患痛苦。

# 第二十六章　開刀

## 開刀前注意事項

先和外科醫師討論開刀的目的、必要性、預計開刀的位置、植入物、可能摘除或重建的器官。

### 常見說明書要詳閱

**術前須知：**了解手術出現併發症發生率、死亡危險性。

**輸血說明書：**了解輸血可能帶來發燒、過敏、溶血或感染疾病的危險性。

## 常見須簽署的同意書

**手術同意書**：病患及家屬了解相關手術的細節及危險性後，同意醫師施行手術。

**手術檢體收集同意書**：同意手術後切除之病灶或器官供醫院做病理分析。

**自願付費同意書**：同意自費施行某種手術方法、植入物或使用特殊藥品。

**麻醉同意書**：病患及家屬了解相關麻醉的細節及危險性後，同意實施麻醉。

**注射顯影劑同意書**：病患及家屬了解某些影像檢查注射的顯影劑可能有過敏的併發症後，同意注射顯影劑。

## 民眾最常問的三個無關緊要的問題

### 這是大刀還是小刀？

**手術沒分什麼大或小。**病患若本身有很多重大疾病如心臟病、凝血功能異常、糖尿病、慢性呼吸疾病、免疫功能不良……開什麼刀都很危險！簡單的刀若醫師過於輕忽，也可能弄出併發症，而且在手術中及手術後都可能會發生。

### 傷口會不會很難看？

除非是整形手術，傷口外觀並不是最重要的事，在好看的傷口下，不見得是個成功的手術。

### 開刀要開多久？

沒有併發症的手術可以估計手術時間，但手術過程中常常會有很多事前無法預測的發現及情況，所以手術時間不一定可以事先知道。

## 開刀前慎選醫師

「非急診」手術應該多方打聽，最好**由醫師推薦**，因為同行才知道誰是好手！慎選醫師，因為手術一旦施行後，其他醫師很難接手一個手術不成功的病患，理由如下：

一、開過刀後，器官往往已經非原始的解剖位置，其他醫師接手的困難度大增。

二、其他醫師不願得罪同行，接手後好像搶了其他醫師的病患。

### 手術的成敗

現代手術的發達和其成功率的提高，跟很多重要發明有關，不是完全靠外科醫師一人的力量可以決定手術的結果，也不是所有責任都歸到外科醫師身上，下列都是影響手術成敗的因子：

影像技術：診斷、分期、定位。

麻醉技術：減少疼痛，給與被手術者藥物、輸血及輸液，並維持監視生命跡象。

監視器：監視生命跡象。

輸血知識。

消毒技術及抗生素的發明：減少感染症發生、幫助傷口復元。

輸液及營養知識：幫助病患復元。

## 手術中維持病患生命的功臣

**麻哥與麻姐**：麻醉醫師及護士。

麻醉團隊最重要的目的不只是讓病患沉睡、肌肉鬆弛及減少疼痛，其他在手術過程中氧氣的供給、體液的補充、藥物給予、輸血及生命跡象的監控都要靠麻醉團隊的專業知識及努力才能穩住病患的生命。

手術成功與否，短期內不一定會影響病患生命，但麻醉過程卻會深深影響到病患的存活，所以術前麻醉醫師的評估和手術一樣重要，**病患不要忽略麻醉科醫師的重要性！**

麻醉有風險時，根本連手術都無法進行。

## 牢記自己的血型

手術時可能會有需要輸血的可能，所以手術前醫師會再檢驗病患的ＡＢＯ血型。因為輸錯血型可能會造成很嚴重的併發症，甚至造成死亡。

醫師驗出血型後，病患應該和自己已知的血型相同才對，若出現不符的現象，有兩件事情要做：第一，詢問雙親的血型，可以知道自己可能血型的組合；第二，請醫師再重做一次。

## 輸血的併發症

溶血：輸錯血型會造成溶血，出現發燒、發冷、疼痛、茶色尿、凝血功能異常而造成生命危險，靠檢查血型可避免這個嚴重的副作用。

發燒：因為免疫反應、血液製品保管問題或病患本身的感染症。

過敏：因為血液中一定含有他人的蛋白質，所以有可能引起過敏反應，輕者如蕁麻疹，重者引起呼吸困難、低血壓及休克。

感染：有些人在病毒感染空窗期捐血，所以帶有病毒的血液無法被篩檢出來，造成被輸血者感染B型肝炎、C型肝炎或愛滋病。

其他：體液過量、失溫、電解質不平衡……

## 開刀時家屬應注意的事項

耐心在手術室外等待，有任何情況，手術房護士或醫師會出來告知家屬。例如手術中出現事前無法預知的新發現或併發症，要切除未在計畫中的器官，醫師會出來詢問家屬意見。

手術將結束前，護士會出來告知家屬購買術後要使用的護理用品。

手術結束時，醫師會拿出手術切下的組織器官給家屬確認，雖然很恐怖，還是要仔細觀看是不是事前被告知的器官。

等到病患在恢復室甦醒後，就可以推出來回病房休息。

### 住院中請假

住院理論上應該是持續需要檢查及治療，但在康復期，往往只需要例行的注射治療，其他時間病患已可自由活動，若有特殊事情（例如六十大壽）需要離開醫院處理，**應該告知護士及醫師向醫院請假**，在許可下方可暫時請假離院。但在健保法令規定下有時數限制，**因為病患若都能在家裡過夜，就沒有住院的必要！甚至可能有詐騙的嫌疑，醫療保險費用可能會被全數刪除。**

**不告而別**是連續劇常見的劇情（床上還會留下紙條，說要出去追查真兇，為父親報仇，衝到機場攔住正要搭飛機的女主角……），而實際發生會造成恐慌及很多困擾：「到底是逃走？在醫院或院外遊蕩或昏迷？還是自殺身亡……？」太多的揣測會造成家屬與醫護人員的責任糾紛。

# 第二十七章　出院

出院的情形可分為下列兩種：

**許可出院**（**May be discharged，MBD**）：病患痊癒或治療及檢查計畫結束而病況穩定，在醫師准許下出院。

**自動出院**（**Against-advice discharge，AAD**）：病患因特殊因素在病情仍不穩定或治療檢查計畫未結束前，而病患或家屬要求出院，例如不告而別、尋求轉院、與醫療人員意見不合、經濟或照顧問題或病危回家……等。

## 自動出院

若是為尋求更好的治療而自動出院，和轉診一樣，請記住幾件事情：

一、病患生命跡象穩定且醫師認為移動病患是安全的情況下才考慮轉院。

二、請原來的診治醫師**開立乙種診斷書**、**病歷摘要或轉診單**。

三、若有已知的目的地醫院，可請原有醫院的主治或住院醫師打電話向被轉診的醫院急診部醫師交班。或留下原有醫院病房的電話，病患在另外一家醫院順利住院後，請新的負責醫師打電話給原有醫院的醫師交班。

# 醫院趕病人？

有些情況下醫師認為病患該出院，但病患及家屬常常不願出院，會有所爭執。

## 家屬認為病情並不穩定

例如缺血性中風的病人，醫師認為病情已經穩定並沒有擴大腦組織損壞的情況，往後病患需要的只是復健的工作；但在家屬的眼光下，病患原本是健康的，生病後不能走路、進食、自理大小便，出院回家後不知從何照顧起。而且，在醫院復健比較方便，回家後每隔幾天要推到社區復健診所或醫院很麻煩。

## 病患對社區醫院沒信心

例如有些需要血液透析（洗腎）的病患，理論上在醫院做完動靜脈瘻管手術後，血液透析也很順利的情況下，就應該出院了。血液透析是日後每週都要進行很多次的例行公事，所以最後應該回到社區洗腎中心持續照顧。但在有健康保險的因素下，花同樣的醫藥費可以在醫學中心洗腎，為什麼要去社區醫院？同樣的錢可以吃高級餐廳，沒有人會改吃自助餐。

## 找不到療養院或家屬接手照顧

很多特殊狀況下，雖然病況已穩定，但仍然需要醫療照顧，例如需要呼吸器維持生命、慢性精神病患、獨居病患、重度神經性疾患如癱瘓或植物人……，這些都需要醫療級的照護。但醫院設置的目的在治療急性病患，若慢性病患占據病床，其他病患就沒有機會可以住院，因而療養院的設立、社區照護系統及看護對於慢性病患的照顧十分重要。

## 出院的注意事項

**診斷書**：請假、保險、申請補助或因為病危自動出院時，可能需要診斷證明或病歷摘要。

**請醫師預約門診**：出院後若須持續治療時，請醫師預約下次門診時間。

**結清帳目及繳費**：病房書記會給與住院費用單據，到醫院出納處辦理出院，領回收據及健保卡等等，再回病房領診斷書及出院用藥。

**出院藥品**：仍有症狀未解決時，醫師會再開立處方藥；一般而言，天數不會超過一星期，因為一星期內需要到門診追蹤病情，長期用藥須在門診開立。

**運送病患**：住院和住旅館、宿舍一樣，出院時會有一大堆衣物、日用品、探病親友送的水果補品需要帶回，而且病患可能仍不良於行，所以要事先計劃請多一點人手幫忙。

**後續照顧**：出院後可以回家、請長期看護或住療養院等等，都要事先先想好計畫。

## 緣分有時盡……

**接受醫療並不是治癒或存活的保證**，歷史上也沒有人真的可以長生不死，秦皇漢武、唐宗宋祖、成吉思汗……俱往矣。

重度意外傷害、腦、心臟、肺、肝、腎等重大器官衰竭、癌症末期、無法控制的感染、疾病出現在未發育成熟的幼兒或老化的個體……等，最後都會導致死亡。

慢性病可能有時間讓病患或家屬調整心理狀態的時間；但意外災害、中風、感染或心臟疾病造成的急性死亡則很難讓人接受。所以，面對死亡的可能性，是每個人包括診治病人的醫師都要有的心理準備。

### 治療是有極限的

病危時要繼續治療嗎？又是價值的選擇！

一般說來，病患若原本並無重大疾病，而只是急性病或意外傷害，病危時應積極治療，然而在某些情況下，則很難做抉擇：

**救活後會有多重器官障礙、癱瘓或永久昏迷的情況**：例如重度畸形幼兒、心臟停止延遲治療、腦部挫傷或嚴重中風。

**只能延長有限生命，生活品質可能反而下降**：癌症末期的化學治療，延長三個月到半年的生命，但卻必須持續住院及忍受治療的副作用。

**生命的終點前所用的醫療資源可能比這一輩子病危之前所用的總和還多**，但往往沒有什麼療效，只是增加了治療帶來的痛苦，及浪費了寶貴的醫療資源。

## 醫師通知病危時該怎麼辦？

每個人對生命的價值評斷都不同，可能對一出生就患有重大疾病的幼兒或年邁久病臥床的老人比較可以接受即將死亡的告知。

若是無法事先預知的意外事故，或者是具有深厚感情的雙親、配偶或子女，則很難下定決心選擇救或不救。

## 面對死亡有幾種選擇

**積極療法**：繼續積極治療重大疾病，病危時醫師仍然要幫病患施行心肺復甦術直到無力回天為止。

**自然死亡**：自動出院，完全無醫療介入，等待重病死亡。

**自殺或安樂死**：自我或加工了結性命，都是為了快速縮短生活品質不佳的餘命。理論上安樂死是用快速無痛苦的方法加速死亡，而若有人為因素介入做出假的末期診斷，加以謀害，則反而變成犯罪行為，所以爭議很大。醫師也多半不能認同這種作法。

**緩和安寧療法：**力求改善生活品質，但不積極治療重大疾病。

若病患病危時，家屬要與病患事先商量，是否要施行心肺復甦術？**若決定放棄急救，應該簽署放棄急救的同意書，俗稱sign DNR**（do not resuscitate）。

### 安寧緩和醫療

針對罹患重大疾病，目前醫學上已無有效積極治療方法，而無可避免死亡的末期病患，給予支持性的治療，減緩其痛苦，但臨終前不施行心肺復甦術。

提供一個舒適的環境，改善生活品質，盡量幫助患者達成心願，走完最後一程。這就是**好死的概念**。

## 安寧緩和醫療常見的錯誤觀念

### 安寧緩和療法就是等死？

安寧療法只是不再用積極的療法如手術、化療或電療嘗試去治癒其重大疾病或延長壽命，而且臨終前不施行心肺復甦術，對於減少疼痛、改善生活品質或無關其重大疾病的其他疾患，治療都將持續進行。因此某些急性疾病仍可積極治療，對於改善生活品質的手術，或減少疼痛的電療都可施行。

## 末期病人就是瀕臨死亡？

末期病患雖然趨近死亡，仍有一段時間可以幫助病患解決生理、心理、家庭、性靈及宗教方面的需求，並不是完全放棄無作為。所以也**不要等到病患已經完全無行為思考能力的瀕死狀況才要接受安寧緩和療法**。病患及家屬因為不能早有安寧照顧的觀念，拖到病人瀕死才住進緩和安寧病患，常常不到幾天就死亡，很多病患的遺願都無法達成。

## 末期病患使用嗎啡等麻醉藥品會上癮？

末期病患最常見的症狀可能就是疼痛，當一般的止痛藥無效時，醫師就會考慮使用麻醉藥來減輕病患痛苦。麻醉藥使用的劑量會愈來愈高的情形並不是成癮的問題，而是疾病愈來愈惡化，疼痛感愈來愈厲害，因此需要用更高的劑量才能有效減少疼痛。另外，病患的生命有限，也不會有太多時間用到非常大的劑量。

## 死得其所

**古老習俗：重病彌留一定要先送回家嗎？**

**若病患在醫院死亡，醫師可立即開立死亡證明書，死因和死亡時間清楚而無異議。**

若在家死亡，要請**開業醫或當地衛生所醫師**至死者家中做行政相驗（驗屍），徒增麻煩，而且醫師無法寫出正確死因及死亡時間，往往會衍生很多糾紛。

**若要讓病患在家中死亡，請在出院前，讓主治醫師事先開好「疾病診斷證明」（乙診），方便至家中做死亡相驗的醫師推斷死因。**

## 死亡前真的要先帶病患回家嗎？

遇到的問題比你想像的還多……

### 真的會死嗎？

少數被醫師判斷「病危」的病患自動出院後，結果回家後很多天，根本還活著。家屬又不可能不餵食物及飲水，結果根本「不會死」，最後又送回醫院急診處……

## 在半路上往生了……

因為送回家時路途遙遠，醫師給與的強心劑靜脈輸液無法支撐到幾百公里外的家門前，所以還是未能在家中死亡。

所以，**找一位道行較高的道士還是比較實在**，不論天涯海角，都能把魂魄引回家中……

## 誰來開死亡證明？誰願意？要準備什麼東西？

病患死亡後，你不可以回醫院要求原來診治的醫師開立死亡證明書。**理由很簡單，他並沒有去你家中驗屍！**他多半也不可能真的到你家驗屍，因為他仍有醫院的工作，所以在家中死亡變得非常麻煩，此時，可以詢問**附近開業醫**是否有人願意至家中驗屍然後開立死診。其實除了半退休的醫師，多半沒人願意犧牲看診時間去做這件事。

另一個選擇是詢問**當地衛生所主任**（他也是醫師），是否有空出來做驗屍及開死亡證明書的工作，或有無認識的醫師能代勞。另外葬儀社也可能有這種資訊管道，總之，在家中死亡是件非常麻煩的事。

為了讓驗屍的醫師方便開立證書，**請準備死者的身分證、出院前的疾病診斷證明及提供死者的正確死亡時間。**

注意，正確的死亡時間可能也會引起爭議，死者家屬間可能為了某些「特殊理由」，對死亡時間吵鬧不休。若沒有特別堅持，還是要考慮在醫院中死亡，才不會衍生太多問題，而且死因及死亡時間較沒爭議，也比較不用勞民傷財。

## 小常識：如何開立死亡診斷書？

死亡診斷書並不能隨便亂開，要注意下列事情：

一、醫師要親自驗屍，核對身分及確認死因才能開立證明。

二、醫師只能開自然死與病死的死亡診斷書。自殺、他殺、明顯外傷、死因不明者，醫師有權利拒開死亡診斷書。此時。請循司法系統，請法醫相驗解剖確認死因。

# 尾聲

終於將這本書寫完了，最後再和讀者分享我在這本書中想要傳達的訊息：

一、民眾犧牲一部分的便利性，才有改善醫療環境的可能性。

二、天下沒有白吃的午餐，沒有付出，只想享受成果，只會讓立意良善的健保制度崩潰。

三、沒有專業知識，光靠製造對立只是提供仇恨的溫床；具有專業能力、同理心及正義感才能改革成功。

四、看病最重要的事就是知道「診斷」。

五、選擇一個好處多於壞處的解決方法，選擇花最少金錢時間就可以得到益處的方法，選擇真實可行的方法。

六、健康是給有準備的人。

你不一定在生病時剛好碰到好醫師，**因為「先生緣，主人福」**，一切都是緣分！

《莊子・大宗師》：「泉涸，魚相與處於陸，相呴以濕，**相濡以沫，不如相忘於江湖**。與其譽堯而非桀也，不如兩忘而化其道。」

【附錄】

# 別傻了，醫師養成教育是十一年不是七年

一般人都認為醫學系必須念**七年**很辛苦，但實際上沒有任何人可以在七年畢業後，立刻搖身一變成為技術高超的醫師。

醫學系畢業以後，考上醫師執照才能應徵各大醫院的住院醫師，才有機會學習臨床工作。

絕大部分的專科都要**再經過四年以上**訓練才能參與專科醫師考試。及格後，才是某醫學專科的專科醫師。所以呢，是十一年，不是七年！

## 沒完沒了

你以為這樣就結束了嗎？不，若在內外科的這種大科中受訓，還要再選擇次專科，還要受訓考試成為次專科醫師。才是一般我們所熟知的消化科專科醫師、內分泌專科醫師。

你以為這樣就結束了嗎？每隔一定年限（多半是六年）醫師還要接受繼續教育一、兩百小時才能保有這張證照。

**這些人就是你看診時對他的忠告毫不信任的專科醫師，可是你總覺得電視第四台賣清血油的李老師好像比較厲害。**

最近還有很多**社會正義之士**建議醫師應該還要上道德、法律及倫理課程，還有兩性平衡課程。真是夠了，是不是他們認為國內中小學義務教育完全失敗，大學通識教育課程的老師都在打混？那以後大學教專業科目就好，反正出社會後大家的道德都一塌糊塗，都要不斷去上思想教育。

我的很多同業、前輩、老師，文化素養極高，同學中很多人是音樂家、畫家、攝影家、文學家、電腦專家、網球高手。只是他們的職業都是醫師。**為什麼有人會認為各行各業的人只懂得專業技術而沒有人文素養？知識的修為並不是只有在課堂上才能完成！**

## 哇！是念醫學院的

醫師沒什麼了不起，就是一門職業而已，只是他們小時候曾經功課不錯。未來，可能是功課不好的人才會去念，我們國家好像一直有這種政策考量。

念**「醫學院」的不只醫學系**，還有牙醫系、藥學系、醫技系、復健系、護理系……。醫學系沒偉大到變成醫學院的代名詞！很多人很無聊，**聽到人家念「醫學院」，下面一句對白就是：「哇，以後當醫生賺大錢！」**

我們這一輩的醫師已經賺不到什麼大錢，但維持溫飽多半沒有問題，金飯碗早就不見，鐵飯碗還在，只是持續氧化中。陪嫁房子給醫生女婿已經是台灣鄉野傳奇的故事了……

國家圖書館預行編目資料

看病的方法——醫師從未告訴你的祕密 /
陳皇光著. -- 初版. -- 臺北市 : 寶瓶
文化, 2008.05
面 ; 公分. -- (Enjoy ; 35)
ISBN 978-986-6745-29-4(平裝)

1. 家庭醫學 2. 保健常識

429 97006595

Enjoy035

# 看病的方法——醫師從未告訴你的祕密

作者／陳皇光

發行人／張寶琴
社長兼總編輯／朱亞君
主編／張純玲
編輯／羅時清
外文主編／簡伊玲
美術主編／林慧雯
校對／羅時清・陳佩伶・余素維・陳皇光
企劃主任／蘇靜玲
業務經理／盧金城
財務主任／歐素琪　業務助理／林裕翔
出版者／寶瓶文化事業有限公司
地址／台北市110信義區基隆路一段180號8樓
電話／(02)27463955　傳真／(02)27495072
郵政劃撥／19446403　寶瓶文化事業有限公司
印刷廠／世和印製企業有限公司
總經銷／大和書報圖書股份有限公司　電話／(02)89902588
地址／台北縣五股工業區五工五路2號　傳真／(02)22997900
E-mail／aquarius@udngroup.com

法律顧問／理律法律事務所陳長文律師、蔣大中律師

著作完成日期／二〇〇八年三月
初版一刷日期／二〇〇八年五月
初版三刷日期／二〇〇八年五月六日
ISBN／978-986-6745-29-4
定價／三〇〇元

# 愛書人卡

感謝您熱心的為我們填寫，
對您的意見，我們會認真的加以參考，
希望寶瓶文化推出的每一本書，都能得到您的肯定與永遠的支持。

系列：Enjoy035　　**書名：看病的方法——醫師從未告訴你的祕密**

1. 姓名：＿＿＿＿＿＿＿＿　性別：□男　□女
2. 生日：＿＿＿年＿＿＿月＿＿＿日
3. 教育程度：□大學以上　□大學　□專科　□高中、高職　□高中職以下
4. 職業：＿＿＿＿＿＿＿＿
5. 聯絡地址：＿＿＿＿＿＿＿＿＿＿＿＿＿＿＿＿＿＿＿＿＿

   聯絡電話：＿＿＿＿＿＿＿＿　手機：＿＿＿＿＿＿＿＿
6. E-mail信箱：＿＿＿＿＿＿＿＿＿＿＿＿＿＿＿＿

   □同意　□不同意　免費獲得寶瓶文化叢書訊息
7. 購買日期：＿＿＿年＿＿＿月＿＿＿日
8. 您得知本書的管道：□報紙／雜誌　□電視／電台　□親友介紹　□逛書店　□網路　□傳單／海報　□廣告　□其他
9. 您在哪裡買到本書：□書店，店名＿＿＿＿＿＿　□劃撥　□現場活動　□贈書　□網路購書，網站名稱：＿＿＿＿＿＿　□其他＿＿＿＿＿＿
10. 對本書的建議：（請填代號　1.滿意　2.尚可　3.再改進，請提供意見）

    內容：＿＿＿＿＿＿＿＿＿＿＿＿

    封面：＿＿＿＿＿＿＿＿＿＿＿＿

    編排：＿＿＿＿＿＿＿＿＿＿＿＿

    其他：＿＿＿＿＿＿＿＿＿＿＿＿

    綜合意見：＿＿＿＿＿＿＿＿＿＿＿＿＿＿＿＿＿＿＿＿＿＿
11. 希望我們未來出版哪一類的書籍：＿＿＿＿＿＿＿＿＿＿＿＿

讓文字與書寫的聲音大鳴大放

寶瓶文化事業有限公司

（請沿此虛線剪下）

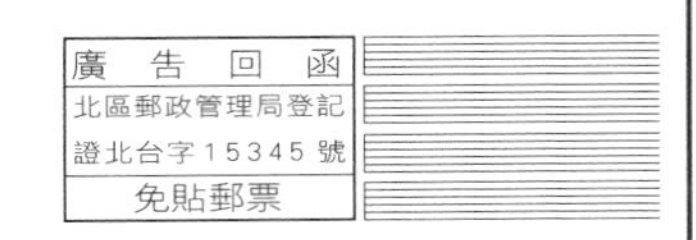


寶瓶文化事業有限公司　收
110台北市信義區基隆路一段180號8樓
8F,180 KEELUNG RD.,SEC.1,
TAIPEI.(110)TAIWAN R.O.C.

（請沿虛線對折後寄回，謝謝）